中国核电科普手册

中国核能电力股份有限公司　组织编写

中国原子能出版社

图书在版编目（CIP）数据

中国核电科普手册 / 中国核能电力股份有限公司组织编写.
— 北京 ：中国原子能出版社，2017.12（2022.12重印）
ISBN 978-7-5022-8627-9

Ⅰ. ①中… Ⅱ. ①中… Ⅲ. ①核电工业－中国－手册
Ⅳ. ①TL-62

中国版本图书馆 CIP 数据核字(2017)第258413号

中国核电科普手册

出版发行 中国原子能出版社（北京市海淀区阜成路 43 号 100048）
责任编辑 王 朋
责任校对 冯莲凤
责任印制 赵 明
装帧设计 马世玉
印 刷 天津画中画印刷有限公司
经 销 全国新华书店
开 本 787mm×1092mm 1/16
印 张 12 **字 数** 130 千字
版 次 2017 年 12 月第 1 版 2022 年 12 月第 2 次印刷
书 号 ISBN 978-7-5022-8627-9 **定价 58.00 元**

网址：http://www.aep.com.cn E-mail：atomep123@126.com
发行电话：010-68452845

编 委 会

主　任： 张　涛

副主任： 罗小未　李　芳

主　编： 左　跃

副主编： 高　飞　程开喜　栗岭茂　常　亮
程　燕　方红君　王乃龙　曾　标
张　宁　沈雪飞　赵守全　张银林
罗路红　王　朋

编　委： 方路生　程　洁　汪志宇　徐　威
叶小丹　李　超　刘永清　周国烨
王烜昌　胡　蝶　胡可荣　左佩玉
王伊迪　李莉莉　林宜道　郭瑜梅
张旭健　曾　畅　高端喜　周敏伟
李　宁　郭金敏　林瑞琦　陈海翔
韩智文　刘　芳　杨　浩　范育茂

序

能源是人类社会生存发展的重要物质基础。人类社会发展进化的历史，始终伴随着能源的开发利用。当前，世界能源格局面临深刻调整，应对气候变化进入新阶段，新一轮能源革命蓬勃兴起。我国经济发展步入新常态，发展质量和效率问题突出，供给侧结构性改革刻不容缓，能源转型变革任重道远。

“十三五”时期是全面建成社会主义小康社会的决胜阶段，也是推动能源革命的蓄力加速期。牢固树立和贯彻落实创新、协调、绿色、开放、共享的发展理念，遵循能源发展“四个革命、一个合作”战略思想，深入推进能源革命，着力推动能源生产利用方式变革，建设清洁低碳、安全高效的现代能源体系，是能源发展改革的重大历史使命。

纵观近代科学史，核能的开发利用，是人类利用清洁能源的重大突破，是人类驾驭自然力量的伟大飞跃。核能与化学能相比，能量高度集中，1 千克铀-235 裂变释放的能量相当于约 2 700 吨标准煤完全燃烧释放的能量。一座百万千瓦核电厂每年仅需 25 吨核燃料，而具备同等发电能力的火电厂每年需要超过两百万吨标准煤。

国家发改委、国家能源局 2016 年 12 月发布的《能源发展“十三五”规划》提出“把发展清洁低碳能源作为调整能源结构的主攻方向……逐步降低煤炭消费比重，提高天然气和非化石能源消费比重，大幅降低二氧化碳排放强度和污染物排放水平，优化能源生产布局和结构，促进生态文明建设”“超前谋划水电、核电发展，适度加大开工规模……”。国家对持续核能发展给予持续而稳定的政策支持，为核电发展提供了坚强有力的制度保障。

“沉舟侧畔千帆过，病树前头万木春”。事物的发展很难一帆风顺，核电事业也不可能例外。近年来，尽管各级政府和社会各界对核电发展给予较多关注和支持，但在政府部门、学界和社会上仍然存在一些对发展核电的误解或者误读。这些误解或者误读，主要是由于不理解、不了解。为了消除这些误解或者误读，全面客观地将中国核电发展的基本情况、主要堆型以及安全知识、事故工况、辐射防护知识等介绍给相关人群，我们组织撰写了这本《中国核电科普手册》，以期传播科学知识，消除误解，获得更广泛的理解与支持。

由于编者水平有限，难免挂一漏万，也难免存在有尚待商榷的内容，欢迎广大读者给予批评指正。希望借此书表明我们对社会各界关注核电发展的感谢和呼应，你们的关注和支持就是我们发展的最大动力。衷心希望通过我们的共同努力，更多地助力“魅力核电，美丽中国”建设、更好地助力“中国梦”实现。

中国核电董事长、党委书记：陈桦

2017 年 12 月

目 录

第一章　中国核电基地（厂）

1.1　中国核电概况

我国核电发展至今已有四十余年，经历了核电起步、适度发展、积极发展和安全高效发展四个阶段。

1.1.1　核电起步阶段

我国大陆第一座自主设计和建造的核电厂——秦山核电厂1985年开工建设，1991年12月15日成功并网发电。

1.1.2　适度发展阶段

20世纪90年代，我国相继开工建设了浙江秦山二期核电厂、广东岭澳核电厂、浙江秦山三期核电厂等核电厂，使我国核电设计、建造、运行和管理水平得到了很大提高，为我国核电加快发展奠定了良好的基础。2000年召开的党的十五届五中全会提出了“适度发展核电”的方针，明确了该时期核电发展的主导方针。

1.1.3　积极发展阶段

2006年，《中国国民经济和社会发展“十一五”规划纲要》提出“积极推进核电建设”。2007年，《核电中长期发展规划（2005—2020年）》发布，中国核电迎来历史性的发展机遇。根据规划，到2020年，核电运行装机容量争取达到4 000万千瓦，并有1 800万千瓦在建项目结转到2020年以后续建。核电占全部电力装机容量的比重从现在的

3%提高到4%，核电年发电量达到2 600亿～2 800亿千瓦时。

1.1.4 安全高效发展阶段

2010年10月15日，党的十七届五中全会通过了《中共中央关于制定国民经济和社会发展第十二个五年规划的建议》，确定我国“在确保安全的基础上高效发展核电”的方针。2012年3月，我国《政府工作报告》重申了在能源结构中安全高效发展核电的政策，我国核电也由此进入了安全高效、稳步发展的新阶段。

为了满足我国能源消费的持续增长需求，2013年我国发布的《能源发展“十二五”规划》中明确提出要“安全高效发展核电”，加快建设现代核电产业体系，打造核电强国。2014年6月13日，习近平总书记在主持召开中央财经领导小组第六次会议时强调，在采取国际最高安全标准、确保安全的前提下，抓紧启动东部沿海地区新的核电项目建设。2015年4月15日召开的国务院常务会议决定，按照核电中长期发展规划，在沿海地区核准开工建设“华龙一号”示范机组。2015年5月7日，我国自主三代“华龙一号”技术的福建福清核电厂5号机组开工建设。到2015年下半年新投产8台核电机组。

中国虽然重启了沿海核电厂的审批，但被社会各界更为关注的内陆核电厂尚无时间表。2020年前，沿海地区厂址完全能够满足核电规划目标的实现。

1.2 中国核电基地（厂）情况简介

1.2.1 中国核工业集团公司所属核电基地（厂）

中国核工业集团公司下属的核电基地（厂）由中国核能电力股份有限公司统一经营开发。中国核能电力股份有限公司由中国核工业集团公司、中国长江三峡集团公司、中国远洋运输集团公司和航天投资控股有限公司共同发起设立，其中，中国核工业集团公司为中国核能电力股份有限公司的控股股东，中国核能电力股份有限公司的股权结构如图1所示。

图1　中国核能电力股份有限公司股权结构示意图

中国核能电力股份有限公司经营管理的核电基地（厂）如下。

1. 秦山核电基地

自1985年3月20日，我国大陆首座核电厂——秦山核电厂开工建设以来，秦山核电基地成功实现“中国核电从这里起步”“走出一条核电国产化的路子”“核电工程管理与国际接轨”、我国核电“从30万千瓦到100万千瓦”自主发展的历史跨越，形成了安全环保、自主创新、群堆管理、人才摇篮、文化引领、对外服务、公众沟通、企地共融的秦山特色，在我国核电事业发展中发挥着重要的示范作用，被誉为“国之光荣”。

如图2所示，秦山核电基地是我国大陆核电的发源地，位于浙江省嘉兴市海盐县，紧傍风景秀丽的杭州湾，地处华东电网负荷的中心地区。目前，秦山核电基地共有9台运行机组，总装机容量654.6万千瓦，年发电量约500亿千瓦时，是我国核电机组数量最多、堆型最丰富、装机最大的核电基地。秦山核电业主公司负责 9 台机组资产经营管理和运行监督，中核核电运行管理有限公司受业主公司委托负责 9 台机组运行管理。

图 2　秦山核电基地

秦山核电基地建设发展 30 年，秉承“四个一切”核工业精神，践行“追求卓越、超越自我”价值观，秉持“为股东创造利润、为员工创造幸福、为业主创造价值、为秦山创造未来”的理念，通过不断探索、自主创新和持续改进，逐步掌握了多项核电关键技术，培养了一大批核电专业技术技能人才，积累了丰富的工程建设、电厂调试、生产运行、经营管理等经验，凝练形成了“严守安全成就事业、勇担国任成就光荣、自主创新成就跨越、开放合作成就典范、超越自我成就梦想”的秦山精神。随着中国核电从以内向为主发展为积极开拓海外更为广阔的市场，秦山核电基地积淀的实践经验和优秀文化，将成为新时期助推中国核电再上新高的核动力。

(1) 秦山核电厂

如图 3 所示，秦山核电厂是我国自行设计、自行建造、自行运营、自行管理的第一座原型压水堆核电厂，装机容量 31 万千瓦。1991 年 12 月 15 日，首次并网发电，实现中国大陆核电“零的突破”；1994 年 4 月 1 日，投入商业运行。秦山核电厂扩建项目（方家山核电工程，见图 4）是目前我国百万千瓦级核电机组自主化、国产化程度最高的核电厂之一，装机容量 2×108.9 万千瓦，采用二代改进型压水堆技术，1 号机组于 2014 年 11 月 4 日首次并网发电、2014 年 12 月15 日正式投入商业运行；2 号机组于 2015 年 1 月 12 日首次并网发电、2015 年2 月12 日正式投入商业运行。秦山核电厂设计参数如表 1所示。方家山核电厂设计参数如表 2 所示。

图 3　秦山核电厂

表 1　秦山核电厂设计参数

电功率	300 MW
反应堆热功率	966 MW
燃料组件数量	121
棒束控制组件数量	37
堆芯活性区高度	2 900 mm
堆芯平均线功率	134.8 W/cm (4.11 kW/ft)
堆芯平均功率密度	68.6 kW/L
平衡卸料燃耗	30 000 MWd/tU
反应堆入口温度	288.8 ℃
反应堆出口温度	315.2 ℃
反应堆冷却剂系统运行压力	15.19 MPa
反应堆冷却剂系统设计压力	17.15 MPa
反应堆冷却剂系统设计压力	350 ℃
反应堆冷却剂系统热工设计流量	24 000 t/h
安全壳设计压力	0.25 MPa
安全壳自由容积	54 000 m^3

图 4　方家山核电厂

表 2 方家山核电厂设计参数

参数	数值
额定电功率	1 000 MW
堆芯输出热功率	2 895 MW
换料周期	12～18 个月
可利用率	82
燃料组件总数	157
控制棒组件总数	61
活性段高度	3 658 mm
燃料棒平均线功率	186 W/cm
平均卸料燃耗	33 000 MWd/tU（12 个月换料） 45 000 MWd/tU（18 个月换料）
堆芯入口温度	293 ℃
堆芯出口温度	328 ℃
反应堆冷却剂系统热工设计流量	22 840×3 m^3/h
反应堆冷却剂系统运行压力	15.5 MPa
反应堆冷却剂系统设计压力	17.23 MPa
反应堆冷却剂系统设计温度	343 ℃
安全壳设计压力	0.52 MPa
安全壳自由容积	49 400 m^3

(2) 秦山第二核电厂

如图 5 所示，秦山第二核电厂是我国自主设计、自主建造、自主运营、自主管理的第一座国产化商用核电厂。1 号、2 号机组装机容量 2×65 万千瓦，先后于 2002 年 4 月 15 日和 2004 年 5 月 3 日投入商业运行；3 号、4 号机组装机容量 2×66 万千瓦，相继于 2010 年 10 月

5 日和 2011 年 12 月 30 日投入商业运行，实现核电国产化重大跨越。

图 5　秦山第二核电厂

秦山第二核电厂的参数如表 3 所示。

表 3　秦山第二核电厂设计参数

参数	数值
额定电功率	650 MW
堆芯输出热功率	1 930 MW
换料周期	12～18 个月
可利用率	80%
燃料组件总数	121
控制棒组件总数	33
活性段高度	3 657.6 mm
堆芯平均功率密度	92.75 kW/L
燃料棒平均线功率	160.8 W/cm
平均卸料燃耗	33 000 MWd/tU（12 个月换料） 45 000 MWd/tU（18 个月换料）

续 表

堆芯入口温度	293 ℃
堆芯出口温度	327 ℃
流经堆芯冷却剂总流量	47 500 m^3/h
反应堆冷却剂系统运行压力	15.5 MPa
反应堆冷却剂系统设计压力	17.2 MPa
反应堆冷却剂系统设计温度	343 ℃
安全壳设计压力	0.45 MPa
安全壳自由容积	50 637 m^3

(3) 秦山第三核电厂

如图 6 所示，秦山第三核电厂是我国唯一一座商用重水堆核电厂，采用加拿大坎杜 6 重水堆核电技术，装机容量 2×72.8 万千瓦。两台机组被誉为“中加合作的成功典范”。

图 6　秦山第三核电厂

秦山第三核电厂1号机组于1998年6月8日浇灌第一罐混凝土，2002年9月首次临界，2002年12月31日投入商业运行；2号机组于1998年9月25日浇灌第一罐核岛底板混凝土，2003年1月首次临界，2003年7月24日投入商业运行。秦山第三核电厂的设计参数如表4所示。

表4　秦山第三核电厂设计参数

反应堆堆芯功率	2 158.5 MW
电厂总电功率	728 MW
电厂总效率	33.7%
燃料通道数量	380
每通道燃料棒束数	12
每燃料棒束中的燃料棒数	37
堆芯长度	5.94 m
排管容器内径	7.595 m
压力管最小内径	10.34 cm
压力管最小壁厚	0.419 cm
燃料（铀）装量	87.09 tU
平均通道功率	5.4 MW
堆芯平均线功率	246.7 W/cm
棒束在堆内平均居留时间（平衡换料工况）	248（内区）/279（外区）EFPd
平均卸料燃耗	7 154 MWd/tU
燃料最大热中子注量率	1.33×10^{14} n/（cm^2·s）
冷却剂	重水（D_2O）
堆芯总的冷却剂流量	27 720 t/h

续 表

堆芯入口集管冷却剂温度	266.3 ℃
堆芯出口集管冷却剂温度	310.0 ℃
堆芯入口集管冷却剂工作压力	11.25 MPa（a）
堆芯出口集管冷却剂工作压力	9.89 MPa（a）
第一停堆系统	28 根控制棒（镉管，不锈钢包壳）
第二停堆系统	6 个喷管（8 000 ppm 硝酸钆）
慢化剂	重水（D_2O）
排管容器入口温度	46 ℃
排管容器出口温度	69 ℃
慢化剂流量	940 L/s

2. 江苏核电有限公司

20 世纪 90 年代，中国与俄罗斯在核能领域开展了高科技合作。1997 年中俄两国签署合同，在江苏省田湾核电厂建造两台 VVER-1000/V-428（即 AES-91）压水堆核电机组。AES-91 型压水堆核电机组是俄罗斯在总结 VVER 型机组的设计、建造和运行经验基础上做出的改进型设计，采用了一系列重要先进设计和安全措施，包括安全系统四通道、堆芯熔融物捕集器、全数字化仪控系统、反应堆厂房双层安全壳、非能动氢气复合器等，满足三代核电厂的用户需求。江苏核电有限公司作为项目业主，负责田湾核电厂的建设管理和商业运营。

如图 7 所示，田湾核电厂 1 号机组于 1999 年 10 月 20 日浇灌第一罐混凝土，2005 年 10 月 18 日开始首次装料，12 月 20 日反应堆实现临界，2007 年 5 月 17 日正式投入商业运行。田湾核电厂 2 号机组于 2000 年 9 月 20 日浇灌第一罐混凝土，2007 年 5 月 1 日反应堆首次实现临界，5 月 14 日并网成功。田湾 1、2 号机组投入商业运行后创造了第一个燃料循环均未发生停机或停堆事件的良好运行记录。大修工期不断优化，能力因子持续提高，发电量稳步提升，个人和集体剂量得到有效控制，三废排放远低于国家控制标准，创造了良好的运行业绩。2010 年，在中俄两国领导人的见证下，中俄双方就田湾核电厂 3 号、4 号机组先后签署框架合同、技术设计合同和总合同。2010 年 12 月 27 日，国家发改委同意开展 3 号、4 号机组前期工作。2012 年 12 月 27 日，3 号机组浇注第一罐混凝土，田湾核电厂二期工程正式开工建设，也成为福岛核事故后中国政府核准的第一个新建核电项目。两台机组仍然采用 AES-91 技术，建设工期 62 个月，计划分别于 2018 年 2 月和 12 月投入商业运行。2015 年 12 月 27 日，田湾核电厂扩建工程 5 号、6 号机组开工建设，成为我国“十二五”期间新建核电机组的收官之作。

图 7　江苏田湾核电厂

田湾核电厂的机组情况和设计参数分别如表 5 所示。

表 5　江苏核电厂 1 号、2 号机组设计参数

参数	数值
电功率	1 060 MW
热功率	3 000 MW
环路数	4
燃料组件数量	163
活性段高度	3.55 m
平均线功率密度	167.6 W/cm
平均卸料燃耗	43 000 MWd/tU
主冷却剂流量	86 000 m^3/h
反应堆入口温度	291 ℃
反应堆出口温度	321 ℃
反应堆冷却剂系统压力	15.7 MPa
反应堆压力容器设计压力	17.64 Mpa
反应堆压力容器设计温度	350 ℃
安全壳设计压力	0.49 MPa

3. 三门核电有限公司

三门核电有限公司由中国核能电力股份有限公司控股，成立于 2005 年 4 月 17 日，全面负责三门核电工程的建造、调试、运营和管理。三门核电厂位于浙江省台州市三门县境内，坐落在健跳镇猫头山半岛上。

三门核电工程采用美国西屋公司开发的第三代核电技术 AP1000，最大特点是采用了“非能动安全系统”。在紧急情况下，“非能动安全系统”利用物质的重力、惯性以及流体的对流、扩散、蒸发、冷凝等物理特性，就能及时冷却反应堆厂房并带走反应堆产生的余热，从而

减缓设计工况中有可能发生的意外事故，大大提高电厂的安全性。

三门核电项目规划建设 6 台 125 万千瓦的核电机组，总装机容量 750 万千瓦，分三期建设。一期工程于 2009 年 4 月 19 日正式开工，是浙江省有史以来投资最大的单项工程，是我国首个三代核电自主化依托项目，也是中美两国最大的能源合作项目，1 号机组更是全球首台 AP1000 核电机组。

三门核电一期工程建成后将能提供 250 万千瓦供电能力、年均 175 亿千瓦时发电量，是浙江满足新增电力需求、调整电力结构、达到节能减排目标的重大举措。

我国将通过三门核电依托项目的建设，掌握三代核电技术工程设计和设备制造技术，建立健全核电技术标准体系，形成自主开发和建设中国品牌三代技术核电厂的能力。

三门核电厂 1 号机组于 2009 年 4 月 19 日浇注第一罐混凝土，标志着全球首台 AP1000 机组进入主体工程全面建设阶段。三门核电厂 2 号机组于 2009 年 12 月 15 日开工建设。目前两台机组都进入调试阶段。三门核电厂全景图如图 8 所示。

图 8　三门核电厂全景图

三门核电厂设计参数如表 6 所示。

表 6　三门核电厂 1 号、2 号机组设计参数

参数	数值
反应堆热功率	3 400 MW
额定电功率	1 250 MW
换料周期	18 个月
电厂可利用率	93%
设计地震烈度	0.3 g
堆芯损坏概率	5.09×10^{-7}/（堆·年）
早期大量放射性释放的概率	5.94×10^{-8}/（堆·年）
职业照射剂量	<1 人·Sv/（堆·年）
燃料组件数量	157
控制棒数量	69
堆芯活性段长度	4.27 m
平均卸料燃耗	50 000 MWd/tU
平均功率密度	109.7 kW/L
平均线发热率	18.77 kW/m
流经堆芯的冷却剂流量	14 300 kg/s
反应堆冷却剂系统运行压力	15.4 MPa
反应堆入口温度	280.7 ℃
反应堆出口温度	321.1 ℃
反应堆压力容器设计压力	17.13 MPa
反应堆压力容器设计温度	343.3 ℃
安全壳设计压力	0.407 MPa
安全壳自由容积	58 339 m^3

4. 福建福清核电有限公司

如图 9 所示，福清核电项目规划建设 6 台百万千瓦级压水堆核电机组，1～4 号机组采用 CNP1000 技术，5 号、6 号机组为 HPR1000（华龙一号）技术，总投资近千亿元人民币。2008 年 11 月 21 日，中共中央政治局常委、国务院副总理李克强宣布项目正式开工建设。福清核电厂 1 号、2 号、3 号机组分别于 2014 年 11 月、2015 年 10 月和 2016 年 10 月建成投产。

图 9　福清核电厂

福清 1～4 号机组的设计参数如表 7 所示，福清 5～6 号机组的设计参数如表 8 所示。

表 7　CNP1000 核电厂设计参数

参数	数值
额定电功率	1 000 MW
堆芯输出热功率	2 895 MW
换料周期	12～18 个月
可利用率	82
燃料组件总数	157
控制棒组件总数	61
活性段高度	3 658 mm
燃料棒平均线功率	186 W/cm
平均卸料燃耗	33 000 MWd/tU（12 个月换料） 45 000 MWd/tU（18 个月换料）
堆芯入口温度	293 ℃
堆芯出口温度	328 ℃
反应堆冷却剂系统热工设计流量	22 840×3 m^3/h
反应堆冷却剂系统运行压力	15.5 MPa
反应堆冷却剂系统设计压力	17.23 MPa
反应堆冷却剂系统设计温度	343 ℃
安全壳设计压力	0.52 MPa
安全壳自由容积	49 400 m^3

表 8　华龙一号主要设计参数

额定电功率	≥1 100 MW
反应堆额定热功率	≥3 050 MW
换料周期	18 个月
运行模式	基荷和负荷跟踪
电厂可利用率	≥90%
堆芯损坏频率	$<1\times10^{-6}$/（堆·年）
大量放射性物质释放至环境的频率	$<1\times10^{-7}$/（堆·年）
安全停堆地震（SSE）	0.3 *g*
职业辐照剂量	<0.6 人·Sv/（堆·年）
操纵员不干预时间	0.5 h
电厂自治时间	72 h
燃料组件数量	177
控制棒组件数量	61
活性段高度	3 658 mm
平均线功率密度	173.8 W/cm
堆芯热工裕量	>15%
平均卸料燃耗	≥45 000 MWd/tU
反应堆入口温度	292 ℃
反应堆出口温度	329 ℃
反应堆冷却剂系统热工设计流量	$22\ 840\times3\ m^3/h$
反应堆冷却剂系统运行压力	15.5 MPa
反应堆冷却剂系统设计压力	17.2 MPa
反应堆冷却剂系统设计温度	343 ℃
安全壳设计压力	0.52 MPa
安全壳自由容积	$87\ 000\ m^3$

5. 海南核电有限公司

如图 10 所示，海南核电有限公司成立于 2008 年 12 月，全面负责海南昌江核电厂的建造、运营和管理。同时作为中国核电在华南地区的区域公司，肩负中国核电在广东、广西等华南地区核电及其他清洁能源项目的拓展开发及管理业务。海南昌江核电厂位于海南省昌江县，濒临北部湾。规划建设 4 台核电机组，首期两台机组采用 CNP600 压水堆核电技术，建设两台 650 MW 核电机组，首期投资超过 200 亿元人民币。其中 1 号机组和 2 号机组分别于 2010 年 4 月 25 日和 2010 年 11 月 21 日浇注反应堆厂房第一罐混凝土，现已进入安装调试阶段，分别于 2015 年 12 月和 2016 年 8 月并网发电。

图 10　海南核电有限公司

海南核电有限公司机组设计参数可参考秦山第二核电厂设计参数（表 2）。

6. 湖南桃花江核电有限公司

湖南桃花江核电厂为内陆核电厂，规划容量为四台 AP1000 压水堆核电机组（4×1 250 MW），分期开工建设。该核电项目从 2008 年开始前期准备，截至 2013 年年底项目签约金额近 160 亿元人民币，累计完成固定资产投资 46.3 亿元人民币，与项目开工相关的各项硬件、软件工作全面实施并完成。1 号机组原计划于 2010 年 4 月开工浇灌第一罐混凝土，受到 2011 年福岛核事故影响，核电项目搁置。目前，正在积极争取项目重启工作。图 11 是桃花江核电厂的效果图。

图 11　桃花江核电厂效果图

桃花江核电厂的设计参数可参照三门核电厂设计参数（表 6）。

7. 中核辽宁核电有限公司

中核辽宁核电有限公司成立于 2009 年 3 月 27 日。分别由中国核能电力股份有限公司出资 50%、中国大唐集团核电有限公司出资 24%、江苏省国信资产管理集团有限公司出资 12%、浙江浙能电力股份有限公司出资 10%、中核投资有限公司出资 4%共同组建。公司位于辽宁省葫芦岛市，中核辽宁核电有限公司徐大堡核电项目厂址地处兴城市海滨乡徐大堡村南侧海岸。中核辽宁核电有限公司徐大堡核电项目规划建设 6×125 万千瓦压水堆核电机组（AP1000），总投资 1 100亿元人民币。本期建设 2 台百万千瓦级压水堆核电机组，建设周期 5 年。中核辽宁核电有限公司徐大堡核电厂效果图如图 12 所示。

图 12　中核辽宁核电有限公司徐大堡核电厂效果图

8. 福建三明核电有限公司

福建三明核电有限公司成立于 2010 年 4 月 28 日，由中国核能电力股份有限公司、福建省投资开发集团有限责任公司和三明市国有资产投资经营公司分别以 51%控股、40%和 9%参股共同出资组建。公司实行董事会领导下的总经理负责制，全面负责三明核电厂的建造、调试、运营和管理。三明核电厂厂址规模为 4 台百万千瓦级核电机组，一次规划，分期建设，其中一期工程将以“中外合作、以我为主”模式建设，规划建设1×1 200 兆瓦级钠冷快中子反应堆核电机组。福建三明核电厂效果图如图 13 所示。

图 13 福建三明核电厂效果图

BN-1200 快堆电厂作为第四代核能技术，采用非能动设计，固有安全性更高，即使在超设计基准事故中也能确保放射性物质包容在反应堆内，无需厂外应急，无需撤离或令居民搬迁；设置放射性废液固化系统，实现放射性废液零排放，更利于水资源保护；通过燃料增殖和嬗变长寿命放射性核素，提高铀资源利用率 50～60 倍，实现核废物最小化。发展快堆可形成核燃料的闭式循环，是我国核能可持续发展、解决能源危机和减缓环境压力的重要途径。

三明快堆电厂的建设，将为福建省创建生态文明先行示范区和内陆经济发展提供源源不断的绿色能源保障。

9. 中核国电漳州能源有限公司

漳州核电厂隶属于中核国电漳州能源有限公司。该公司由中国核能电力股份有限公司和中国国电集团公司共同出资组建，中国核电以51%股比控股，中国国电以49%股比参股。公司于2011年11月28日注册成立，经营范围包括核电、风电、水电等电力项目的开发、建设和运营。

漳州核电厂位于福建省漳州市云霄县境内，介于厦门和汕头两个经济特区之间。漳州核电厂规划建设6台百万千瓦级核电机组，总装机容量约为750万千瓦，总投资900多亿元人民币。漳州核电厂建成后，年产值将超过220亿元人民币，每年上缴税收40多亿元人民币（归地方所有约14亿元人民币），将助力漳州经济高速发展。图14是漳州核电厂的效果图。核电厂技术设计参数可参照福清5号、6号机组设计参数（表8）。

图14 漳州核电厂效果图

10. 中核华电河北核电有限公司

中核华电河北核电有限公司是经中国核工业集团公司批准，由中国核能电力股份有限公司、华电国际电力股份有限公司、河北建投能源投资股份有限公司分别按照51%、39%、10%的股比共同出资设立的有限责任公司。2014年8月1日完成公司注册和税务登记。全面负责河北海兴核电的建设、运营、管理。

该核电厂址规划建设6台百万千瓦级压水堆核电机组，总装机容量750万千瓦，项目总投资约1 200亿元人民币，一期规划建设两个AP1000机组，投资约450亿元人民币。

1.2.2　中国广核集团公司所属核电基地（厂）

中国广核集团公司所属的核电基地（厂）由中国广核电力股份有限公司统一经营管理。中国广核电力股份有限公司由中国广核集团公司、广东恒健投资控股有限公司共同出资设立，其中，中国广核集团公司为中国广核电力股份有限公司的控股股东，中国广核电力股份有限公司的股权结构如图15所示。

控股

参股

中国广核电力股份有限公司

图15　中国广核电力股份有限公司股权结构示意图

中国广核电力股份有限公司经营管理的核电基地（厂）如下。

1. 大亚湾核电基地

如图 16 所示，大亚湾核电基地坐落在广东省深圳市龙岗区，拥有大亚湾核电厂、岭澳核电厂和岭东核电厂三座核电厂共 6 台百万千瓦级压水堆核电机组，年发电能力约 450 亿千瓦时。其中，大亚湾核电厂所生产的电力 70％输往香港，约占香港社会用电总量的四分之一，30％输往南方电网；岭澳核电厂、岭东核电厂所生产的电力全部输往南方电网。

图 16　大亚湾核电基地

(1) 大亚湾核电厂

如图 17 所示，大亚湾核电厂位于中国广东省深圳市龙岗区大鹏半岛，坐落在深圳市的东部，离香港尖沙咀直线距离 51 km。大亚湾核电厂是中国大陆建成的第二座核电厂，也是大陆首座使用国外技术和资金建设的核电厂，1994 年投入商业运行。大亚湾核电厂按照“高起点起步，引进、消化、吸收、创新”“借贷建设、售电还钱、合资经营”的方针开工兴建，1994 年5 月6 日全面建成投入商业运行。

图 17　大亚湾核电厂

20 世纪 80 年代，中国从法国法马通公司引进了三环路百万千瓦级压水堆技术 CPY（被重新命名为 M310），建设了大亚湾核电厂。大亚湾核电厂的核岛和常规岛设备分别由法国法马通公司和英法通用电气—阿尔斯通公司供应，于 1987 年 8 月 7 日开工建设。两台机组单机组装机容量为 990 MW，相继于 1994 年 2 月 1 日和 5 月6 日投入商业运行。自 1999 年开始，与 64 台法国同类型机组的安全业绩挑战赛中，共获得 27 项次第一名。2006 年 5 月 13 日，大亚湾 1 号机组较原计划提前 12.94 天完成第一次十年大修，成为中国首个走过设计寿期内除退役外所有关键路径的核电厂。M310 反应堆冷却剂系统、堆芯、专设安全设施、安全壳等主要系统的配置与法国 CP2 机组相同，最重要的改进是美国三哩岛核事故后法国核电厂所采用的改造措施，即 H 规程和 U 规程的使用，增强了对超设计基准事故和严重事故的应对能力。H 规程和 U 规程的研究是根据多年运行经验反馈和 PSA 结果开展的，包括专门的规程以及为实施规程所做的硬件修改。H 规程主要用于应对各种超设计基准事故，包括最终热阱丧失、全部蒸汽发生器给水丧失、全部交流电源丧失，并且考虑了安全壳喷淋泵和低压安注泵的互相备用。U 规程则主要是用于在严重事故工况下监测和恢复安全壳完整性、进行安全壳过滤排放等。

（2）岭澳核电有限公司

大亚湾核电厂投产之后，中国政府决定在大亚湾核电厂东北方向 1 km 处继续建造一座新的核电厂，即岭澳核电厂，如图 18 所示。岭澳核电厂建有两台百万千瓦级机组，单机组装机容量为 990 MW，由岭澳核电有限公司建设与经营。岭澳核电厂于 1997 年 5 月开工，两台机组分布于 2002 年 5 月和 2003 年 1 月投入商业运行，2004 年 7 月通过竣工验收。

图 18　岭澳核电厂

岭澳1号、2号机组采用M310技术，以大亚湾核电厂为参考，进行了52项重要技术改进，在防止硼稀释事故和防止一回路中水位运行时余热排出系统丧失事故、增加启动给水、安全壳过滤排放系统方面做了改进，按照国际标准，实现了项目管理自主化、建筑安装施工自主化、调试和生产准备自主化，实现了部分设计自主化和部分设备制造国产化，整体国产化率达到30%，国内180余家企业参与了工程建设和设备制造。

岭澳核电厂1号、2号机组建成投产以来，安全运行业绩优良。1号机组创造了商运后连续两个燃料循环无非计划停机停堆安全运行592天的世界纪录，2号机组创造了自首次临界及商运起无非计划停堆安全运行935天的世界核电新机组最好记录。多项WANO指标处于世界先进水平。

(3) 岭东核电有限公司

岭东核电有限公司管理岭东核电厂。岭东核电厂位于广东省深圳市龙岗区大鹏镇，包括两台百万千万压水堆核电机组（如图19所示）。岭东核电厂是我国“十五”期间唯一开工的核电项目，也是自主品牌中国改进型百万千瓦级压水堆核电技术——CPR1000的示范项目，计划建设两台108万千瓦压水堆核电机组，相关情况如表9所示。其中，1号机组（岭澳3号）于2005年12月15日开工，于2010年9月20日正式投入商业运行。岭东核电厂2号（岭澳4号）机组于2006年6月15日开工建设，2011年8月7日正式投入商业运行。按照“自主设计、自主制造、自主建设、自主运行”的方针，岭东核电厂管理由中广核工程公司总承包，工程设计、设备制造、设备监造、工程施工与技术服务等均由国内企业为主承担。

图 19　岭东核电厂

表 9　岭东核电厂机组设计参数

参数	数值
额定电功率	1 087 MW
堆芯输出热功率	2 895 MW
换料周期	12～18 个月
可利用率	82
燃料组件总数	157
控制棒组件总数	61
活性段高度	3 658 mm
燃料棒平均线功率	186 W/cm
平均卸料燃耗	33 000 MWd/tU（12 个月换料） 45 000 MWd/tU（18 个月换料）
堆芯入口温度	293 ℃
堆芯出口温度	328 ℃

续 表

反应堆冷却剂系统热工设计流量	22 840×3 m^3/h
反应堆冷却剂系统运行压力	15.5 MPa
反应堆冷却剂系统设计压力	17.23 MPa
反应堆冷却剂系统设计温度	343 ℃
安全壳设计压力	0.52 MPa
安全壳自由容积	49 400 m^3

2. 阳江核电有限公司

如图 20 所示，阳江核电厂位于美丽的南海之滨——广东省阳江市东平镇，是国家“十一五”规划重点能源建设项目，采用我国自主品牌的压水堆核电技术——CPR1000 及其改进型技术，连续建设 6 台百万千瓦级核电机组，是目前我国一次核准机组数量最多和规模最大的核电项目，是我国核电规模化、系列化、标准化发展的重要标志。关键设备国产化率超过 85%，6 台机组平均国产化率为 83%。

图 20　阳江核电厂

阳江核电项目自2008年12月16日主体工程开工以来，1号机组于2014年3月25日正式投入商运；2号机组于2015年6月5日正式投入商运；3号机组于2016年1月1日通过168小时示范运行考核，具备商运条件；4号、5号、6号机组处于全面设备安装阶段。1号、2号、3号单机组装机容量均为1 086 MW。目前，阳江核电厂整体安全质量状况良好，未发生过重大安全质量事件工程建设、移交接产、工业安全总体稳定，各项指标均处于受控状态。

ACPR1000的依托项目为阳江5号、6号机组，2013年3月提交初步安全分析报告，2013年9月浇第一罐混凝土。2015年3月，同样采用ACPR1000技术的红沿河5号、6号机组开工建设。福岛事故前这些项目都以CPR1000技术为目标开展了设备采购和现场准备等前期工作。福岛事故发生之后，国家核安全局要求新建核电厂必须满足三代安全标准。ACPR1000对于CPR1000技术具有良好的继承性和兼容性，使得这些项目的设备采购和现场准备无需进行重大调整即可开展工程建设。

3. 台山核电有限公司

台山核电合营有限公司是由中国广核集团、法国电力公司、粤电集团公司共同投资的中外合资企业，负责台山核电厂一期工程的资金筹措、建设、运营和管理，并承担最终的核安全责任。2009年12月11日，商务部正式批准了该合资项目，并颁发了准予设立台山核电合营有限公司的外商投资企业批准证书。

如图 21 所示，台山核电厂位于广东省台山市赤溪镇，规划建设 6 台压水堆核电机组，一期工程引进第三代核电 EPR（欧洲先进压水堆）技术，建设两台单机容量为 175 万千瓦的核电机组。EPR 吸收了法国 N4 型和德国 KONVOI 型核电厂的设计、建造和运行经验，在堆芯设计、系统设计、保护和控制体系优化、安全壳设计方面做了大量改进，提高了电厂抵御内部、外部灾害的能力；增强了安全系统的冗余度，安全系统由 2 列增加为 4 列，采取有效的严重事故预防及缓解措施，纵深防御能力进一步增强，核电厂安全性能显著提高，堆芯熔化概率达到 9×10^{-7}，比采用二代技术的核电厂降低一个数量级。台山核电厂目前仍在建设过程之中，设计参数如表 10 所示。

图 21 建设中的台山核电厂

表 10　EPR 核电厂设计参数

参数	数值
反应堆热功率	4 600 MW
电功率	1 660 MW
换料周期	12～24 个月
机组可利用率	＞87％
堆芯熔化概率	1.24×10^{-6}/（堆·年）
大量放射性释放概率	9.6×10^{-8}/（堆·年）
燃料组件数目	241
堆芯活性段长度	420 cm
平均卸料燃耗	＞48 000 MWd/tU
平均线功率密度	163.4 W/cm
堆芯热工裕量	≥15％
反应堆入口温度	295.7 ℃
反应堆出口温度	330.1 ℃
反应堆冷却剂系统运行压力	15.5 MPa
反应堆冷却剂系统热工设计流量	$27\ 180\times4\ m^3/h$
反应堆冷却剂系统设计压力	17.6 MPa
安全壳设计压力	0.53 MPa
安全壳自由容积	$80\ 000\ m^3$

4. 辽宁红沿河核电有限公司

辽宁红沿河核电厂位于辽宁大连瓦房店市，规划建设六台百万千瓦级核电机组。其中，一期工程 4 台机组采用 CPR1000 压水堆核电技术（单机组装机容量为 1 119 MW）。二期工程建设两台机组，采用 ACPR1000 核电技术。

辽宁红沿河核电有限公司由中广核核电投资有限公司、中电投核电有限公司、大连市建设投资公司按照 45∶45∶10 的股比投资组建，负责辽宁红沿河核电厂的建设和运营。该公司轮值董事长由中广核核电投资有限公司、中电投核电有限公司分别委派人员担任。

红沿河 1 号、2 号、3 号机组均已投入商运，以 2015 年为例，红沿河核电厂全年上网电量为 125.91 亿千瓦时，占大连当年全社会用电量的 4 成以上，相当于 2.8 万公顷森林的效果效应。红沿河 4 号机组于 2016 年 9 月投入商业运行，红沿河一期工程 4 台机组全面建成。红沿河二期 5 号、6 号机组正进行土建施工，计划于 2020 年、2021 年建成投产。届时，红沿河核电厂（如图 22 所示）将成为全球装机容量最大的核电厂之一。

图 22　红沿河核电厂

5. 福建宁德核电有限公司

福建宁德核电有限公司由中国广核集团有限公司、中国大唐集团公司、福建省能源集团有限责任公司分别以46%、44%、10%的股比投资设立，是宁德核电一期工程的投资、建设、运营主体。

如图 23 所示，宁德核电厂位于福建省宁德市辖福鼎市太姥山镇备湾村，距太姥山镇 7 km，距福鼎市32 km，距宁德市 86 km，南距福州 143 km，北距温州 113 km（以上为直线距离）。项目规划总容量为6 台百万千瓦级机组，其中一期工程建设 4 台机组，单机容量为 1 089 MW，以岭东核电厂为参考电厂，采用成熟的二代改进型压水堆核电技术(CPR1000)。

图 23　宁德核电厂

宁德核电于 2008 年 2 月 18 日项目正式开工。一期工程由中广核工程有限公司总承包建设，深圳中广核工程设计有限公司为项目总体设计院，主要设备由东方电气、上海电气、中国一重等国内企业为主制造。工程施工建设由中国核工业华兴公司、中国核工业二三公司、山东电建和天津电建等企业共同参与。4台机组同步按序稳步推进，其中1号、2号、3号和4号机组分别于2013年4月、2014年5月、2015年6月和2016年7月完成了168小时试运行考核试验，经福建省电力公司确认合格，开始投入商业运行。

6. 广西防城港核电有限公司

如图24所示，广西防城港核电厂位于美丽的北部湾之畔——广西壮族自治区防城港市企沙半岛东侧，规划建设6台百万千瓦级核电机组，其中一期工程规划建设两台单机容量为1 086 MW的CPR1000压水堆核电机组。防城港核电厂一期工程由中国广核集团与广西投资集团有限公司按61%和39%的比例出资组建，其中，1号机组于2010年7月30日正式开工建设，2015年10月25日并网发电，2016年1月1日正式投入商业运行，2号机组于2016年10月投入商业运行。

图24　防城港核电厂

防城港核电二期工程采用具有我国自主知识产权的三代核电技术——华龙一号，其中3号机组已于2015年12月24日正式开工建设。防城港核电二期工程的开工建设是积极落实国家“一带一路”、西部大开发以及建设北部湾经济区战略的重要举措。防城港核电二期将作为英国布拉德韦尔 B（BRB）核电项目的参考电厂，成为我国核电“走出去”战略的桥头堡。

7. 广东陆丰核电有限公司

中广核陆丰核电有限公司于 2008 年 2 月 20 日注册成立，注册资本 8.4 亿元人民币，是中国广核集团的全资子公司，作为项目业主负责陆丰核电厂的投资、建设与运营。如图 25 所示，广东陆丰核电厂位于广东省汕尾市下辖陆丰市竭石湾东岸，碣石镇南方约 8 km 的田尾山，西北距陆丰市约 26 km，西距汕尾市约45 km，东北距惠来县约 58 km，东北距揭阳市、汕头市均约120 km。陆丰核电厂采用 AP1000 技术路线，设计参数可参见表 6，陆丰核电厂计划总投资超过1 000亿元人民币，规划容量为6 台百万千瓦级核电机组，项目一次规划，分期建设。厂区一次规划 4 台机组，预留两台机组建设的场地。从 2003 年 8 月开始，中国广核集团公司就启动了陆丰核电厂厂址开发工作，至 2010 年 12 月 27 日，国家发改委同意陆丰核电一期工程开展前期工作。

图 25　广东陆丰核电厂效果图

8. 湖北核电有限公司

湖北核电有限公司于2008年6月成立，注册资本2.65亿元人民币，由中国广核集团有限公司和湖北省能源集团有限公司按照60%、40%的比例出资组建，统筹负责湖北省内的核电新项目的开发工作。如图26所示，咸宁核电厂位于湖北省咸宁市通山县大畈镇大堋村附近的狮子岩、富水水库中段北岸，距咸宁市直线距离38 km，距武汉市直线距离100 km。咸宁核电厂采用AP1000技术，设计参数可参照表6。

图26 咸宁核电厂效果图

9. 中广核惠州核电有限公司

中广核惠州核电有限公司于2013年9月16日注册成立，是中国广核集团公司的全资子公司，负责惠州核电厂的建设和运营。

惠州核电厂址位于惠东县黄埠镇东头村附近，面向红海湾西北岸，核电厂拟采用AP1000技术路线，冷却水源取自红海湾。项目规划建设6台目前国际最先进的三代技术核电机组。项目建成投产后，年供电 500 多亿千瓦时，创造绿色 GDP 近 200 多亿元人民币，可为珠三角地区经济的可持续发展提供清洁能源，对提升区域综合竞争力和促进经济快速发展具有重要作用。

1.2.3 国家电力投资集团公司所属核电基地（厂）

国家电力投资集团公司所属的核电基地（厂）由国家核电技术有限公司统一经营管理。国家核电技术有限公司由国家电力投资集团公司控股。国家核电技术有限公司经营管理的核电基地（厂）如下。

1. 山东核电有限公司

山东核电有限公司隶属于国家电力投资集团，6 家股东出资设立，分别为：国家核电技术公司、山东发展投资控股集团有限公司、烟台蓝天投资控股有限公司、华能核电开发有限公司、中国国电集团公司、中国核能电力股份有限公司，是山东海阳核电项目业主单位。

海阳核电厂作为首批国家第三代核电技术的自主化依托项目，采用 AP1000 核电技术路线，设计参数见表 6。AP1000 技术以其特有的非能动安全系统和模块化设计成为目前世界上安全性高、先进的核电技术。海阳核电项目位于山东省烟台市辖海阳市留格庄镇原冷家庄和董家庄，厂址距海阳市 22 km，距烟台市93 km，距青岛市 107 km，距威海市 100 km。

项目规划建设 6 台百万千瓦级压水堆机组，并预留有 2 台扩建余地。其中，如图 27 所示，一期工程建设两台 AP1000 百万千瓦级压水堆核电机组，计划投资达到 400 亿元人民币。2009 年 9 月海阳核电一期工程项目通过国务院批准并取得建造许可证，同月成功浇注一号核岛第一罐混凝土，目前 1 号机组已经具备装料条件，2 号机组进入调试阶段。2009 年 3 月，国家发改委同意海阳核电项目 3 号、4 号机组按照 AP1000 型压水堆技术路线开展前期工作。

图 27　山东海阳核电厂效果图

2. 国核示范电厂有限责任公司

国核示范电厂是由国家核电技术公司和中国华能集团公司以 75% 和 25%比例出资设立、按照现代企业制度建立的大型核电企业，由国家核电技术公司控股，全面负责国家大型先进压水堆重大专项示范工程 CAP1400 和后续 CAP1700 的建设和运营。

如表 11、图 28 所示，重大专项示范工程 CAP1400 是在从美国西屋公司引进、消化、吸收的第三代非能动压水堆核电技术（AP1000）的基础上，自主开发的、具有我国自主知识产权、更大功率的大型非能动先进压水堆核电厂；机组单机功率大于 1 500 MW，可利用率不低于 93%，单台机组年发电量 134 kWh。工程总投资为 200 亿元人民币左右。

表 11　CAP1400 主要设计参数

堆芯热功率	4 040 MW
额定电功率	约 1 534 MW
设计寿期	60 年
换料周期	18 个月
机组可率用率	≥ 93%
堆芯损坏频率	$<4.02\times10^{-7}$/（堆·年）
大量放射性物质释放至环境的频率	$<5.16\times10^{-8}$/（堆·年）
职业辐照剂量	<1 人·Sv/（堆·年）
燃料组件数量	193
控制棒组件数量	81
活性区高度	4.267 m
平均线功率密度	181 W/cm
热工安全裕量	≥15%
平均卸料燃耗	≥50 000 MWd/tU

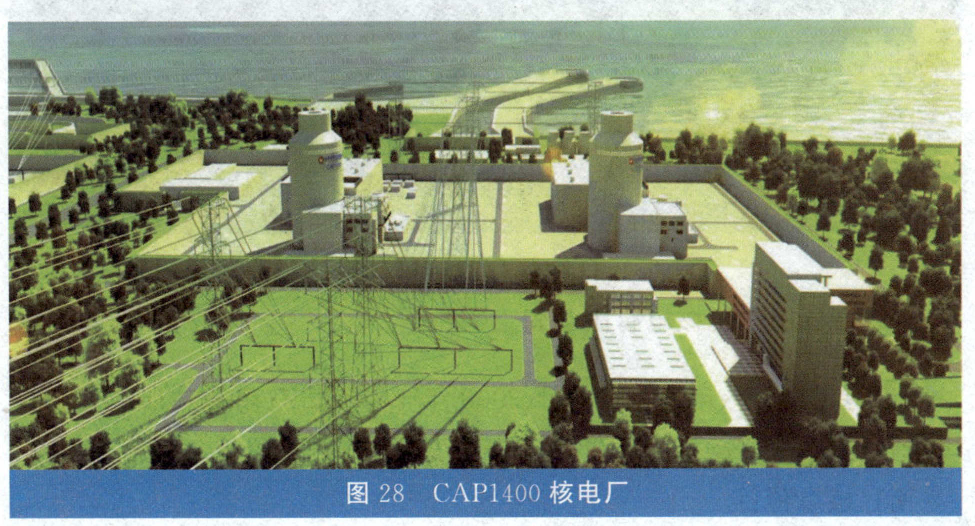

图 28　CAP1400 核电厂

3. 江西彭泽核电厂

彭泽核电厂位于江西省九江市彭泽县马当镇境内，厂址北临长江，南靠太泊湖，彭泽县城约 22 km，距九江市约 80 km，距南昌市约 170 km。该项目拟采用美国西屋 AP1000 三代压水堆核电技术。

江西彭泽核电厂一期工程“两评”报告（选址阶段）已正式获得国家环保部、国家核安全局的批复，项目完成“四通一平”。临建设施建设等开工准备工作，具备开工条件。该核电厂规划建设 4 台百万千瓦级核电机组，如图 29 所示。

图 29　彭泽核电厂效果图

4. 中电投广西核电有限公司

中电投广西核电有限公司于 2008 年 4 月 3 日在南宁注册成立，是国家核电全资子公司，负责独资开发建设广西白龙核电项目和桂东（平南）核电项目。

广西白龙核电厂址位于广西防城港市防城区江山镇白龙半岛，项目距离南宁市约 145 km，距离防城港市区 24.7 km。厂址规划建设 6 台百万千瓦级压水堆核电机组。一期工程建设 2 台 CAP1000 核电机组。项目已列入《国家核电中长期发展规划（2011—2020，调整）》。2003 年，启动核电选址工作，2005 年 5 月，项目建议书上报国家发改委备案。2006 年年底，完成选址阶段“两评”报告编制及技术审查。2016 年 9 月，广西壮族自治区政府发布《广西能源发展“十三五”规划》，白龙核电项目列为“十三五”开工建设的重点项目。

桂东（平南）核电项目厂址位于广西贵港市平南县丹竹镇龙石面村，厂址距平南县县政府驻地平南镇约 20 km，距贵港市约 100 km，距南宁市约 230 km，规划建设 4 台百万千万级压水堆核电机组。厂址位于区域负荷中心和西电东送南部通道支撑位置，电力送出条件优越，具有良好的区位优势。2004 年启动选址工作。2006 年完成初步可行性研究。2008 年年底完成项目建议书编制报送。项目已列入《国家核电中长期发展规划（2011—2020 年，调整）》，是广西壮族自治区目前唯一一个列入国家核电中长期发展规划的内陆厂址。

5. 国核湛江核电有限公司

国核湛江核电有限公司于 2015 年 12 月 17 日揭牌成立，是国家核电技术有限公司全资控股子公司，是廉江核电项目的业主单位，全面负责项目前期开发、设计建造和运营管理。

项目厂址位于湛江市廉江市车板镇田螺岭，距廉江市约 48 km，距湛江市约 65 km；项目采用 AP1000、CAP1400 三代核电技术，规划建设 6 台机组（效果图见图 30），总装机容量 8 620 MW，总投资约 1 300 亿元；分两期建设，一期工程建设 2 台 AP1000 机组，装机容量 2 500 MW。2016 年 12 月，廉江项目列入国家能源发展“十三五”规划开工备选目录，2017 年 1 月，廉江项目列入广东省《能源发展“十三五”规划》。

图 30　廉江核电厂址鸟瞰图

1.2.4　中国华能集团公司所属核电厂

中国华能集团公司所属的核电厂由华能核电开发有限公司统一经营管理。华能核电开发有限公司为中国华能集团公司的全资子公司。

目前，中国华能集团公司所属的核电厂为石岛湾核电厂。

如图 31 所示，石岛湾核电厂即华能石岛湾高温气冷堆核电厂。该核电厂是全球首座将四代核电技术成功商业化的示范项目，也是中国“十二五”获批的第一个核电项目。它位于山东省威海市荣成石岛湾。经国家发改委批准投资总额 3 亿元人民币，原定建设周期为 2008—2015 年。工程原定 2011 年开建，但受日本福岛核事故的影响，项目进度受到影响。2012 年 12 月底，华能石岛湾核电厂示范工程开工。石岛湾核电厂的厂址在石岛湾以北的宁津湾，属荣成市宁津街道地域(原宁津镇)。

石岛湾高温气冷堆核电厂由中国华能集团、中国核工业建设集团和清华大学分别以 47.5%、32.5%、20%的投资比例共同投资建设，直接投资管理机构是华能山东石岛湾核电有限公司，是我国第一座高温气冷堆示范电厂。远期全部总装机规模为 400 万千瓦，总投资 400 亿元人民币。如表 12 所示，一期工程建设 1×20 万千瓦级高温气冷堆核电机组。石岛湾核电厂原计划还将采用 AP1000 技术（第三代核电技术）路线进行压水堆扩建工程，分两期建设 4×125 万千瓦机组。石岛湾核电厂远期规划容量将达到 900 万千瓦，项目总投资约 1 500 亿元人民币，建设周期长达20 年。在石岛湾核电厂二期规划中，拟投资建设 4 台 125 万千瓦的三代 AP1000 压水堆核电机组，以保证整个项目发电规模和利润空间。届时，石岛湾核电厂将成为集三四代核电技术为一体的国内最先进的大型核电基地。

图 31　石岛湾核电厂效果图

表 12　HTR-PM 核电厂设计参数

参数	数值
热功率	500 MW
毛电功率	211 MW
净电功率	200 MW
堆芯尺寸（高/直径）	11.0/3.0 m
燃料平均功率密度	85.7 kW/kgU
堆芯平均功率密度	3.2 MW/m^3
燃料富集度	8.5%
燃料元件外径	60.0 mm
燃料包覆颗粒直径	0.5 mm
燃耗深度	90 000 MWd/tU
冷却剂流量	96 kg/s
冷却剂压力	7 MPa
冷却剂进/出口温度	250/750 ℃
蒸汽发生器出口蒸汽压力	14.1 MPa
蒸汽发生器出口蒸汽温度	570 ℃
换热管根数	665
汽轮机主汽门前温度	566 ℃
汽轮机主汽门前压力	13.25 MPa

1.2.5 台湾地区核电厂

1. 金山核电厂

金山核电厂于1972年开工建设，两台机组分别于1978年12月和1979年7月开始商业运行，采用了GE公司的沸水堆堆型。根据建厂时间，金山核电厂又名第一核能发电厂，简称核一厂。核一厂位于台湾新北市石门区，但由于厂址距新北市金山区的中心街区较近，故而国际上多称之为金山核电厂，见图32。

图32 金山核电厂

2. 国圣核电厂

国圣核电厂于1975年开工建设，两台机组分别于1981年12月和1983年3月开始商业运行，采用了GE公司的沸水堆堆型。国圣核电厂又名第二核能发电厂，简称核二厂。核二厂位于新北市万里区与新北市金山区之间的国圣埔，因此别称为国圣核电厂。

3. 台湾马鞍山核电厂

台湾马鞍山核电厂又称第三核能发电厂，是台湾南部唯一一座核电厂。在石油危机之后，台湾为了执行实现能源的多元化，继在台湾北部建立核能一、二厂后，为了南部电力平衡，减少电力输送，于台湾南部的恒春开工建造了第三核能发电厂。如图 33 所示，马鞍山核电厂 1978 年 8 月开工建设，两台机组分别于 1984 年和 1985 年建成投产，采用西屋公司建造的三环路压水堆技术。马鞍山核电厂地处台湾南部垦丁国家公园的南湾海域，附近有全台最美丽的珊瑚。为保护附近珊瑚，台湾电力公司不惜花费巨资改善设备，以降低温排水温度。

图 33　台湾马鞍山核电厂

4. 龙门核电厂

龙门核能发电厂位于新北市贡寮区，因所在地名“龙门”而得名，又因是台湾第四座核能发电厂，故又名第四核能发电厂，简称核四。龙门厂址共规划 6 台核电机组，台湾电力公司经招投标后选取了

ABWR堆型建设龙门1号、2号机组。ABWR由GE设计，Black & Veach、日立、Shimizu、东芝及其他美国、台湾公司也参与了龙门核电厂的建设。采用的模式是GE公司负责核反应堆，三菱公司负责汽轮机及其他部分。

核四的兴建计划早在1980年5月便由台湾电力公司提出，选址于贡寮。1985年5月因贡寮当地民众的强烈反对，暂缓兴建。1992年，经过立法院解冻核四预算案、核四覆议案等波折后，直至1999年才开始动工兴建。原计划核四于2004年开始商运，但2000年宣布停建，2001年后复建，计划完成日期延至2006年。2006年又因确定无法如期完成再延至2009年，后又延至2011年。2011年日本福岛事故后，原预计商运日期延至2015年。而此时的民间组织、台湾政党各界、学界以及公众的反核抗议和利弊争议此起彼伏。2014年4月，台湾宣布1号机组在完成安全检查后实施封存，同时停止建设2号机组。核四的未来将由公民投票决定，但公投的时间至今尚未确定。

第二章　主要堆型与核安全知识

2.1　核电堆型与中国

2.1.1　世界主要堆型简介

核电反应堆是利用核能发电的一种反应堆，迄今为止所有的核电反应堆均是利用核裂变反应释放核能的。根据引发核裂变的中子能谱的能量，核电反应堆分为热中子反应堆和快中子反应堆两大类。热中子反应堆又根据冷却剂和慢化剂的种类分成轻水堆、重水堆、石墨气冷堆和石墨水冷堆。其中轻水堆又可分为压水堆和沸水堆两类（见表13）。慢化剂的作用是将裂变释放的快中子慢化为热中子，使其引起更多的裂变。冷却剂的作用是从反应堆中导出核反应产生的热量，用于产生蒸汽驱动发电机组发电。

表 13　世界主要核电反应堆堆型

堆型	慢化剂	冷却剂	燃料	主要国家
压水堆	加压轻水	加压水	浓缩 UO_2，铀钚混合物	美国、法国、日本、俄罗斯、韩国、中国
沸水堆	沸腾水	沸腾水	浓缩 UO_2	美国、日本
重水堆	重水	重水	天然 UO_2	加拿大
石墨气冷堆	石墨	CO_2 或氦气	天然铀或浓缩铀	英国
石墨水冷堆	石墨	轻水	浓缩 UO_2	俄罗斯
快中子堆	无	液态金属	浓缩 UO_2，铀钚混合物	俄罗斯、日本、法国

（数据来源：IAEA PRIS 数据库）

1. 压水堆

压水堆是采用加压轻水作为慢化剂和冷却剂并在蒸汽发生器内产生蒸汽的反应堆。压水堆采用富集度约3%的^{235}U或者铀钚混合物作为核燃料，堆芯由上百根燃料组件构成。在反应堆工作压力下保持液态的轻水，作为冷却剂由主泵（反应堆冷却剂泵）驱动流经堆芯，吸收堆芯热量而升温之后进入蒸汽发生器，将热量传递给二回路给水，再经主泵返回堆芯，构成一回路循环。二回路给水在蒸汽发生器内加热成为高温水蒸气，驱动汽轮机发电。压水堆核电厂的优点主要是结构紧凑，堆芯功率密度大，缺点是必须采用高压的压力容器和一定富集度的核燃料。压水堆核电厂工作原理如图34所示。

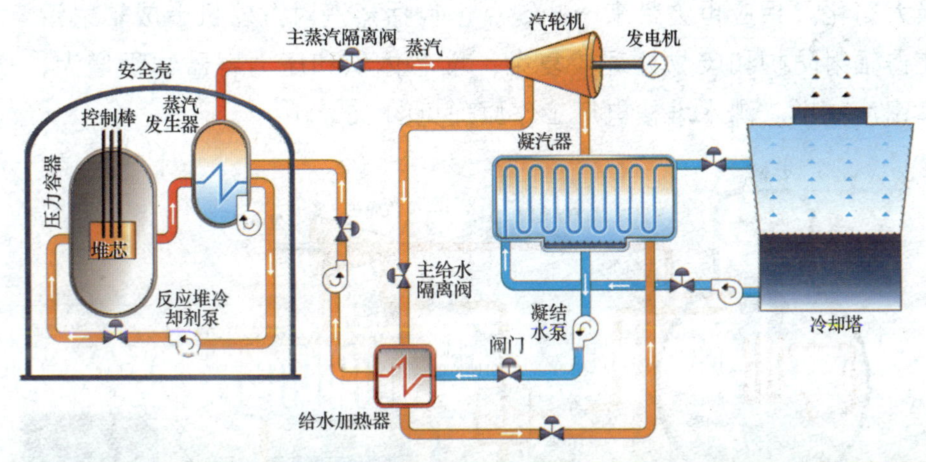

图34 压水堆核电厂工作原理

压水堆最初是美国西屋电气（Westinghouse Electric）公司为军用船舶设计的，20世纪50年代开始用于民用核电厂，是目前应用最广泛的核电厂堆型。除西屋电气公司之外，美国的燃烧工程（C-E）公司和巴布科克—威尔科克斯公司（Babcock & Wilcox，B&W）也开发了各自的压水堆技术。西欧各国和日本最初从美国引进技术建造压水堆核电厂，主要的压水堆供应商包括法国的法马通公司、德国的西门子/KWU公司，以及日本的三菱公司。另外，俄罗斯也开发了VVER压水堆，与西方压水堆相比有很多不同的技术特征。

2. 沸水堆

沸水堆是采用沸腾轻水为慢化剂和冷却剂并在反应堆压力容器内直接产生饱和蒸汽的反应堆，也采用低富集度铀作为燃料。冷却剂流经堆芯后部分汽化，经过汽水分离和干燥之后的水蒸气驱动汽轮机发电，其余的水经过再循环回到堆芯。与压水堆相比，沸水堆核电厂的最大特点是采用了水在堆内沸腾的直接循环，提高了热力系统效率，并且取消了蒸汽发生器和稳压器，降低了运行压力，系统和设备得到极大简化。相应也会带来一些缺点，包括蒸汽对汽轮机造成辐射污染，使得辐射防护和废物处理较复杂；堆芯体积和压力容器体积增大，功率密度减小。沸水堆核电厂工作原理见图35。

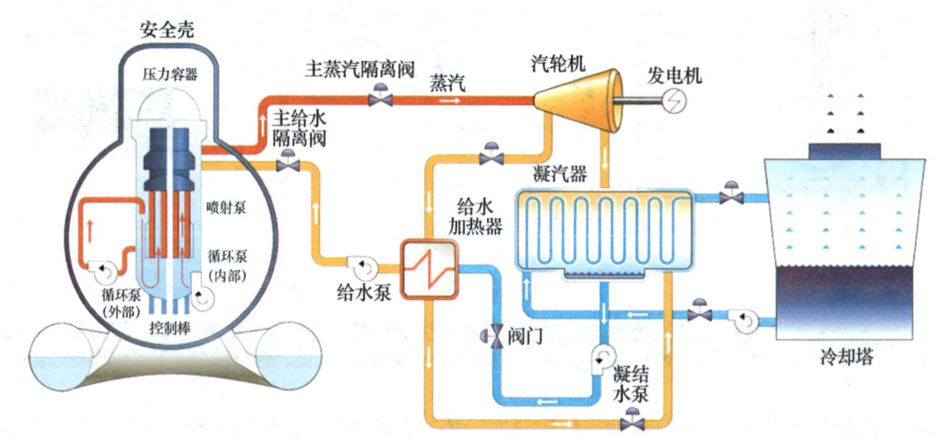

图35 沸水堆核电厂工作原理

沸水堆最初由美国通用电气（GE）公司研发，并前后设计了六种型号的沸水堆（从BWR/1到BWR/6）。之后，瑞典通用电气公司

(ASEA)、德国西门子/KWU公司、日本日立和东芝公司也相继建造了沸水堆核电厂。

3. 重水堆

重水堆是采用重水作为慢化剂的反应堆，冷却剂可以是重水或者轻水，按照结构可以分为压力容器式及压力管式两类。前者将堆芯装在重水压力容器内，结构大体与压水堆相似；压力管式重水堆则把短棒束型燃料组件装在压力管内，其堆芯由置于重水慢化剂中的许多压力管组成。重水堆的优点主要是：中子经济性好，可采用天然铀作为核燃料，并且比轻水堆更节约天然铀；热容量大，压力管失水事故的影响小。重水堆的缺点主要是：功率密度小，堆芯体积大；重水费用占基建投资比重大。

目前应用最为广泛的商用重水堆是加拿大原子能公司（AECL）开发的压力管卧式加压重水堆，通常被称为加拿大氘铀堆（Canada Deuterium Uranium），简称为坎杜（CANDU）堆或坎杜加压重水堆(CANDU-PHWR)。CANDU堆采用天然UO_2作燃料，重水作冷却剂和慢化剂。堆芯为一个不锈钢制的卧式圆筒形排管容器，几百个水平的压力管式燃料通道穿过排管容器两端的端板。排管容器内盛放处于常压的重水慢化剂。高温高压的重水冷却剂从压力管内燃料棒束的缝隙中流过，把热量带到立式倒U形管蒸汽发生器中，把热量传给U形管外的轻水，产生高温高压水蒸气驱动汽轮机发电。CANDU重水堆核电厂工作原理见图36。

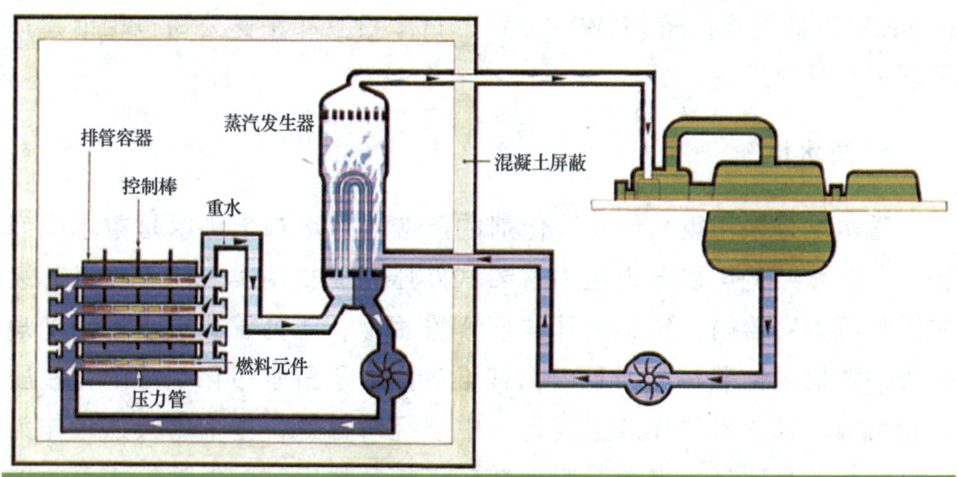

图 36 CANDU 重水堆核电厂工作原理

4. 石墨气冷堆

石墨气冷堆是采用石墨作为慢化剂和结构材料，二氧化碳或氦气作为冷却剂的反应堆。传统的石墨气冷堆采用 CO_2 作为冷却剂，包括两种类型：以金属天然铀为燃料以及镁诺克斯合金（MAGNOX）为包壳的镁诺克斯型气冷堆，和以低富集度 UO_2 为燃料、不锈钢为包壳的改进型气冷堆（AGR）。镁诺克斯型气冷堆堆芯由很多正六角形棱柱石墨块堆砌而成，在石墨砌体中有许多装有燃料元件的孔道，冷却剂流过带出燃料产生的热量。流出堆芯的热气体在蒸汽发生器中将热量传递给二回路的水，产生水蒸气驱动汽轮发电机组发电。这种堆型的优点是采用天然铀作燃料，因此在核电发展初期，当时没有铀浓缩能力的国家如英国和法国曾经大量建造过这种类型的核电厂；缺点是功率密度低、体积大、装料多、造价高。改进型气冷堆则是在镁诺克斯型气冷堆的基础上，在燃料、冷却剂工作温度、反应堆热效率、堆芯尺寸等方面作了改进，并采用了混凝土压力容器。镁诺克斯石墨气冷堆核电厂工作原理见图 37。

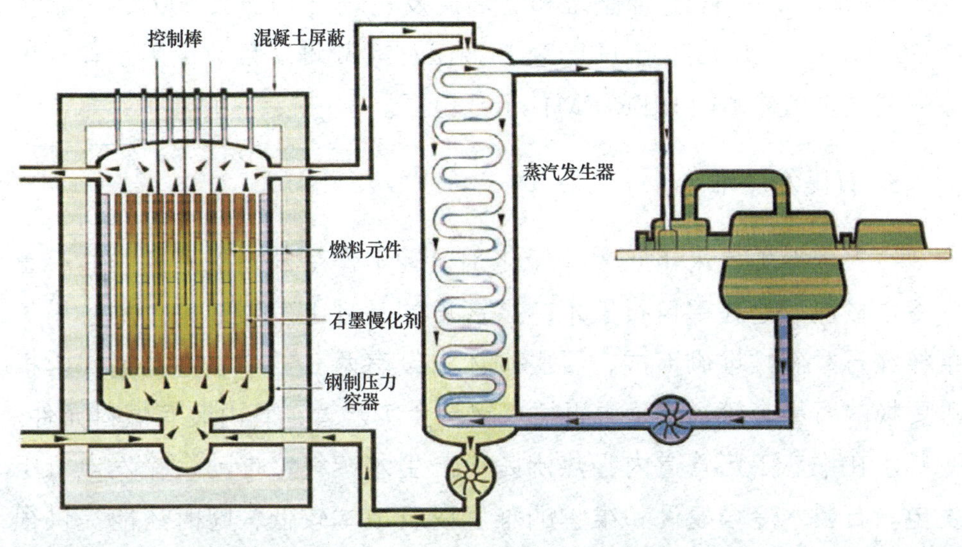

图 37　镁诺克斯石墨气冷堆核电厂工作原理

高温气冷堆则是采用石墨作慢化剂、高温氦气作冷却剂的反应堆，分为采用球形燃料元件的球床高温气冷堆和采用六角形棱柱形石墨燃料元件的棱柱床高温气冷堆两种。总的来说，高温气冷堆具有固有安全性、转换比高、热效率高等优点，而球床堆和柱状堆又各有优缺点。球床堆可以不停堆装卸料，功率分布和燃耗比较均匀，反应堆可利用率高，后备反应性小，提高了经济性和安全性；但缺点是换料系统比较复杂，反射层不易更换。柱状堆的优点是堆芯做成环状，有利于传热，氦冷却剂压力降低，石墨反射层容易更换；缺点是需要停堆更换燃料，要求后备反应性大，经济性差。

从 20 世纪 50 年代后期开始，欧美一些国家已经开始了高温气冷堆的研究设计工作，英国、美国以及西德分别建造了三座实验堆：龙 (Dragon)、桃花谷 (Peach Bottom) 1 号机组以及球床实验堆 AVR，为高温气冷堆的设计、建造、运行、材料试验和安全研究等各方面积累了广泛的经验。在实验堆基础上，美国和西德又分别建造了圣·弗伦堡（Fort St. Vrain）原型堆和钍高温反应堆（THTR-300），日本也在 90 年代初期开始建造 HTTR 高温工程实验堆。目前中国正在建设模块式高温气冷堆（HTR-PM）示范电厂。

5. 石墨水冷堆

石墨水冷堆是采用石墨作慢化剂、轻水作冷却剂的反应堆。石墨水冷堆核电厂是在军用石墨水冷产钚堆的基础上发展而来，堆芯用大量核纯石墨砌体堆砌而成，石墨砌体内设有两三千个垂直孔道，内插可更换的石墨套管，套管中再插入铝合金工艺管，管内装有燃料元件。冷却水在堆芯工艺管道内吸热沸腾而产生水蒸气，推动汽轮发电机组发电。石墨水冷堆建设和维护的难度以及成本较低，同时还能提供很高的功率，但是存在较严重的安全缺陷，包括：低功率时反应性系数为正，不具有自稳性；堆芯和循环回路庞大，没有设置安全壳作为第三道安全屏障；控制棒下落速度太慢；运行复杂。苏联是唯一建造石墨水冷堆核电厂的国家，自切尔诺贝利核事故之后，这类堆型已经停止建造并逐渐关闭。RBMK 石墨水冷堆工作原理见图 38。

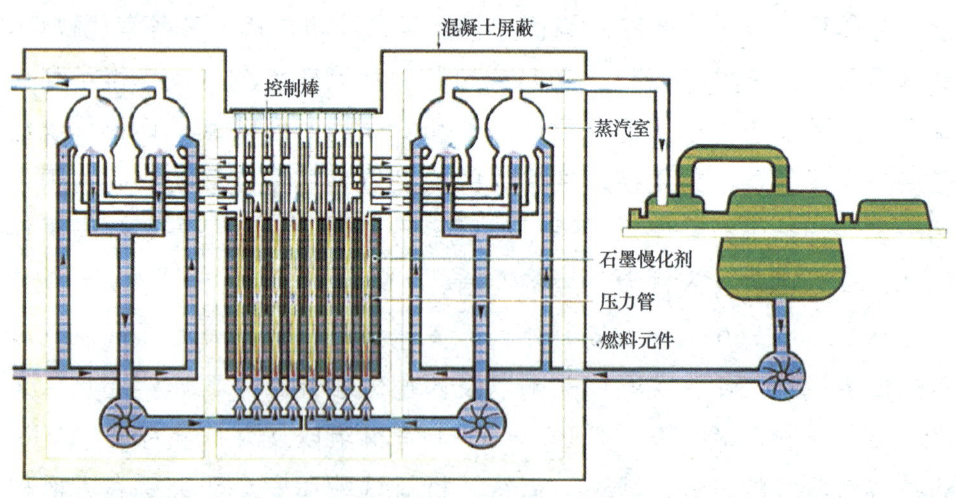

图 38　RBMK 石墨水冷堆工作原理

6. 快堆

快中子堆是主要由平均能量 0.1 MeV 以上的快中子引起裂变反应的反应堆，一般采用铀钚混合燃料。快堆中没有慢化剂，根据冷却剂的种类可分为钠冷快堆和气冷快堆，目前建成的快堆均使用液态钠作冷却剂。钠冷快堆一回路布置又分为池式和回路式两种形式。池式是将一回路设备全部布置在一个充钠的大池内，包含堆本体、中间热交换器和钠泵。回路式将堆本体、中间热交换器和钠泵各安置在单独的容器和充氮气的隔间内，用管道相互连接。无论池式还是回路式钠冷快堆，基本流程都是一回路放射性钠将热量传给中间回路的非放射性钠，后者再把热量传给二回路的水使它成为水蒸气，驱动汽轮发电机组。中间回路的存在，将放射性钠与水隔开，降低了放射性泄漏的风险。快中子堆具有如下优点：具有很大的负反应系数，良好的自稳定性，安全性好；可充分利用核燃料，实现核燃料的增殖；具有低压堆芯下的高热效率。钠冷快堆工作原理见图 39。

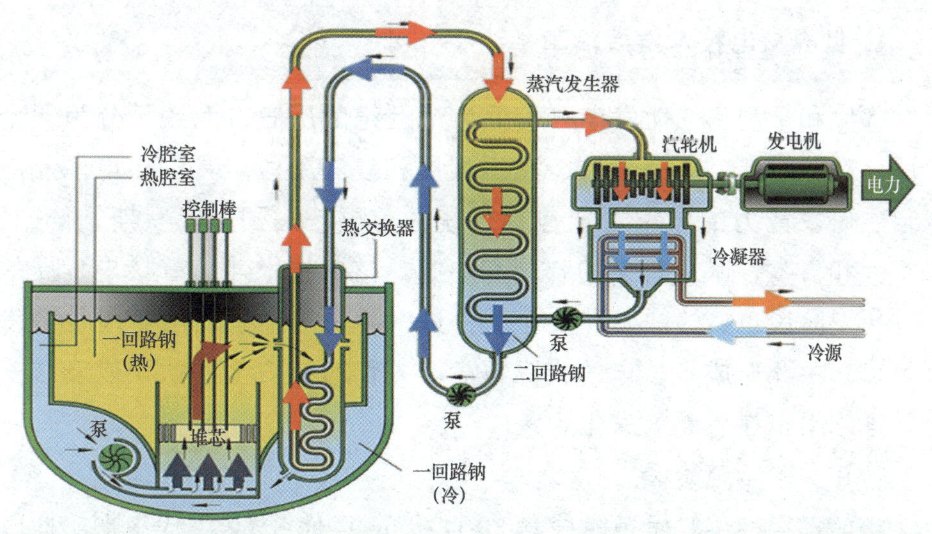

图 39　钠冷快堆工作原理

快堆作为第四代核电技术，最主要是通过温度的负反馈，排除了堆芯熔化，同时还具有以下优点：

一是采用金属钠作为冷却剂，整个系统处于常压，不易发生管道破裂。二是堆芯及一回路整个置于钠池，即使一回路管道破裂，可能的放射性泄漏仍然在钠池之内。三是在钠回路与水回路之间增加了一个钠一钠热交换回路，即使燃料芯块受损也只能在液钠之中。四是钠的沸点高（890 ℃），而反应堆温度一般在 500 ℃之内，钠处于液态常压，不会出现钠蒸汽夹带放射性物质的外泄。五是钠的熔点高（97.8 ℃），液态钠在常态下会很快凝固，即使堆容器出现破裂，也不会向外界渗漏。整个涉核主厂房的系统不涉水，无需担心放射性被泄漏入地下或地表水系里。六是钠的热容大，即使反应堆紧急停堆且失去余热冷却时，堆芯的温度升高会远低于堆芯熔损的程度，从根本上保证了 BN-1200 反应堆体的固有安全性。

2.1.2 核电技术发展沿革

1. 世界核电技术发展沿革

人类和平利用核能发电已有近半个世纪的历史，大致可分为四个阶段：实验示范、高速发展、减缓发展和复苏阶段。具备核电厂反应堆自主研发能力的国家主要包括传统的美国、法国、俄罗斯、德国、加拿大和日本，以及新兴的韩国和中国。核电技术伴随着核电发展的不同历史阶段也日趋成熟、安全、先进，并对应地呈现出阶段性的发展特点，由此形成了核电的代际概念。人们对核安全的认识以及核安全管理水平也在不断的深化。

（1）实验示范阶段

核能发电的实验示范阶段是 20 世纪 50 年代至 60 年代中期。此时对核能的利用开始从军用走向民用，以开发早期的实验堆和原型堆为主，也就是第一代核电厂。在此期间全世界共有 38 个机组投入运行，包括 1954 年苏联建成的奥布宁斯克（Obininsk）压力管式石墨水冷堆核电厂，1956 年英国建成的卡德霍尔（Calder Hall）石墨气冷堆核电厂，1957 年美国建成的希平港（Shipping Port）压水堆核电厂，1961 年德国建成的卡尔（Kahl）沸水堆核电厂，1962 年法国建成的天然铀石墨气冷堆和 1962 年加拿大建成的罗尔弗顿（Rolphton NPD）天然铀重水堆等。这个阶段建设的核电厂方案众多，各类型的反应堆多处于方案验证阶段。但各国正是通过如此多堆型的广泛试验和探索，解决了一系列建造核电厂的工程技术问题，验证了核电厂在工程和经济上的可行性。有关核电的法律、法规和标准也伴随着核电的安全研究而逐步建立，对于核安全关注的重点在于所谓的最大可信事故。

(2) 高速发展阶段

核电的高速发展阶段是 20 世纪 60 年代中期至 80 年代初，前后形成两次核电厂建设高潮，一次是美国轻水堆核电厂的经济性得到验证之后，另一次是 1973 年世界能源危机之后，核电被很多国家作为保证能源安全的有效方案。美国在此期间建成和开工超过 100 个核电机组，包括单机容量从 500 MW 到 1 100 MW 的压水堆和沸水堆，形成总装机容量约 1 亿千瓦的世界最大规模核发电能力。法国从美国引进了西屋压水堆核电厂技术，世界能源危机之后建成和开工了约 30 个 900 MW 级核电机组和 20 个 1 300 MW 级核电机组。日本和德国采取从美国引进技术或合作研发的形式，分别建成和开工近 40 个和 20 余个核电机组，堆型包括压水堆和沸水堆。苏联在此期间建成和开工 20 余个核电机组，包括 1 000 MW 的石墨水冷反应堆，440 MW 和1 000 MW 的 VVER 压水堆。英国和加拿大也分别建设了十几个石墨气冷堆和重水堆。这段时间全球共新建四百余台核电机组，总的运行业绩达到上万个堆年。如此大规模批量化建造的商用核电厂被称为第二代核电厂，沿袭了第一代核电厂的工作原理，但是容量更大，技术更成熟，实现标准化和批量化，经济性更好。

第二代核电技术集中到了压水堆、沸水堆、CANDU 型重水堆、石墨气冷堆以及 RBMK 石墨水冷堆这几种成熟定型的方案上。这一时期核安全的法律、法规和标准也基本完善，到 20 世纪 70 年代末现有核电厂在设计和安全评价上所遵循的确定论安全方法已经基本建立起来，核安全管理奠定了厂址远离人口稠密区、安全壳和设计基准事故这三块基石。

(3) 减缓发展阶段

从 20 世纪 80 年代初至 21 世纪初是核电的减缓发展阶段。世界经济增速回落，西方各国经济发展速度锐减，同时采取大规模的节能措施，提高能源利用效率，使得电力需求大幅回落。大批电力项目被迫停建或缓建，首当其冲的就是造价高于常规电力的核电项目。80 年代中期起，石油和煤产量过剩，价格持续走低，进一步使核电失去经济竞争力。同时，两次严重的核电厂事故也暴露了早期核电厂在安全理念和运行管理方面存在的问题，打击了社会和公众对于核电厂安全的信心。1979 年美国三哩岛核电厂事故虽未造成人员伤亡和环境危害，但对世界核电发展产生了很大影响。美国核管会（NRC）加强了对核电厂的安全监管，不但严格控制新许可证的发放，而且增加了大量改进原有核电厂设备和规程的要求，使得核电经济性下降，投资风险增加。美国在 1979 年之后的三十多年中没有新的核电订单。1986 年苏联切尔诺贝利核电厂事故造成了严重的人员伤亡、大面积的环境污染和大规模的公众迁移。公众对于核电的接受程度成为核电发展的重大障碍。核电发展跌至谷底，一些国家甚至放弃或搁置了核电发展计划。

为了摆脱两次严重事故的影响，重新走上复苏的道路，各国在这一时期开展了庞大的核电安全研究，重点放在了概率风险评价、严重事故的预防和缓解等方面。1974 年美国核管会 WASH-1400 报告提出的概率风险评价方法得到了广泛的重视和应用，促成了对超设计基准事故分析和安全壳行为研究的关注。基于这些崭新的安全理念以及轻水堆 30 多年的运行经验，同时从提高核电厂安全性和经济性、提高获取安全许可证的稳定性、降低投资风险的目的出发，20 世纪 80 年代中期开始美国电力研究院（EPRI）在核管会的支持下，制定了一套使供货商、投资方、业主、核安全管理当局和公众各方面都能接受的《先进轻水堆用户要求文件》(URD)。URD 提出了适用于先进压水堆的总体要求，包括安全设计要求、性能设计要求、可建造性要求等，还明确提出了经济目标。随后欧共体国家也发布了《欧洲用户要求文件》(EUR)。有观点把符合 URD 或 EUR 要求的核电厂称为第三代核电厂。世界各大核电供应商按照 URD 或 EUR 的要求，通过改进和研发形成了多种所谓的第三代核电堆型，其中压水堆包括美国 AP1000、法国 EPR、韩国 APR1400、俄罗斯 VVER-1200（AES-2006）、美日合作的 APWR 等，沸水堆包括美日合作的 ABWR 等，重水堆包括加拿大 ACR-1000 等。这些先进核电厂具备完善的严重事故预防和缓解手段，在提高核电厂的经济性方面也采取了一系列措施，包括简化设计、提高单堆容量、提高可利用率、延长设计寿命等。因此这一时期，在核电装机规模减缓发展的表象之下，更安全的核电标准和更先进的核电技术得到孕育，在很多领域取得了突破性的进展。

（4）复苏阶段

21 世纪以来核电进入了复苏阶段。世界经济新一轮的增长，特别是发展中国家的高速发展，引发了石油、天然气价格上涨，加上温室气体排放和环保压力增大，各国政府被迫重新审视非化石能源在确保可持续发展和能源安全中的战略地位。同时运行机组管理和技术方面的优化改进，以及第三代核电技术储备的日渐成熟和完善，为更安全更经济的核能利用提供了技术保障，增强了政府和公众对核能利用的信心。在这样的背景之下，很多国家采取了积极的核电发展政策。存在大量新增能源需求的中国、韩国、俄罗斯、印度等新兴国家成为核能复兴的主要动力，提出了雄心勃勃的核电计划，在快速增加核电装机容量的同时加大了对核电技术的研发力度。面临电源更新换代和电力结构优化需要的发达国家如美国、英国、日本等也在酝酿新一轮的核能发展计划。一些“反核”传统比较强大的国家如意大利、瑞典、瑞士也开始取消发展核电的限制。众多无核国家也在这一时期积极进入核电市场，阿联酋、土耳其、越南等均与国外合作伙伴签署了建造本国首座核电厂的协议。21 世纪的核能复兴，在满足成熟性和经济性要求的二代改进型核电厂继续建设的同时，第三代核电厂在市场中也获得了良好的工程应用契机和巨大的发展空间，比如中国和美国在建的 AP1000，法国、芬兰和中国在建的 EPR，韩国和阿联酋在建的 APR1400 等。

2. 中国核电技术发展延革

中国核工业诞生于 20 世纪 50 年代，以服务国防建设为主。60 年代至70 年代，“两弹一艇”（原子弹、氢弹和核潜艇）的研制成功，标志着中国已经掌握了核燃料生产技术和核动力研制技术，建立了比较完整的核工业体系。从 70 年代末开始，中国核工业将重点转移到发展民用核电事业上来，1983 年确定了压水堆技术路线。

1983 年 6 月，国务院科技领导小组主持召开专家论证会，提出了中国核能发展“三步（压水堆—快堆—聚变堆）走”的战略，以及“坚持核燃料闭式循环”的方针；在《国家能源发展“十二五”规划》中，提出了安全高效发展核电的主要任务，继续明确了坚持热堆、快堆、聚变堆“三步走”的技术路线。从核能所使用的资源角度来看，中国核能发展的第一步，发展以压水堆为代表的热中子反应堆，即利用加压轻水慢化后的热中子产生裂变的能量来发电的反应堆技术，利用铀资源中 0.7%的 ^{235}U，解决“百年”的核能发展问题；第二步，发展以快堆为代表的增殖与嬗变堆，即由快中子引起裂变反应，可以利用铀资源中 99.3%的^{238}U，解决“千年”的核能发展问题；第三步，发展可控聚变堆技术，希望是人类能源终极解决方案，“永远”地解决能源问题。

1985 年，自主设计和建造的秦山核电厂（300 MW 压水堆原型堆）开工建造，1991 年并网发电，实现了中国大陆核电零的突破。此外，中国 20 世纪 80 年代从法国法马通原子能公司引进 900 MW 的 M310 压水堆技术，建造了大亚湾核电厂，1994 年投入商业运行。这也是中国大陆第一座大型商用核电厂，后续采用相同的技术还建造了岭澳核电厂。1996 年开工、2002 年投运的秦山第二核电厂是中国首座自主设计、建造、管理和运营的大型商用核电厂，采用自主研发的 600 MW 压水堆技术（CNP600）。这一时期还分别在秦山第三核电厂和田湾核电厂小规模建设了加拿大 CANDU 重水堆和俄罗斯 VVER 压水堆。

随后，中国核工业历时十多年对国外压水堆技术进行消化、吸收和再创新，最终通过 2005 年开工的岭东核电厂形成了二代改进型核电厂的自主品牌 CNP1000/CPR1000。同时中国核电事业在政策上也迎来了历史性的发展机遇。2006 年，中国政府在“十一五”规划中提出“积极发展核电”的方针，2007 年发布的《核电中长期发展规划（2005—2020 年）》提出，到 2020 年核电运行装机容量达到 4 000 万千瓦，在建容量 1 800 万千瓦。2006 年到 2012 年间，在红沿河、宁德、福清、方家山、阳江和防城港 6 个核电厂总共开工了 20 台 CNP1000/CPR1000 机组，在秦山第二核电厂和昌江核电厂开工了 4 台 CNP600 机组。福岛核事故之后，CPR1000/CNP1000 实施了一定的改进应用于阳江 5 号、6 号和红沿河 5 号、6 号机组，以及计划中的田湾 5 号、6 号机组，解决了这批福岛事故前即已经开展前期工作的遗留项目的技术方案选择问题，也是三代核电技术批量化建造之前的过渡机型。

为了顺应国际核电的发展趋势，加速引进世界先进技术，实现跨越式发展，2004 年中国政府开展了三代核电的国际招标，2006 年决定引进美国西屋公司的 AP1000 技术，并启动三代核电技术的消化吸收工作。2009 年，作为 AP1000 自主化依托项目的浙江三门核电厂和山东海阳核电厂正式开工。同年采用法国阿海珐集团 EPR 三代压水堆技术的台山核电厂也开工建造。在自主技术积累和参考国外先进设计理念的基础上，ACP1000、ACPR1000＋和 CAP1400 等自主化三代压水堆技术的研发取得了显著进展。在国家能源局的协调之下，ACP1000 和 ACPR1000＋进一步融合成华龙一号技术，其全球首堆工程福清 5 号、6 号机组已经于 2015 年 5 月 7 日浇注第一罐混凝土。CAP1400 核电技术研发工作已完成。

日本福岛核事故之后，中国政府和核工业界采取了一系列的行动。2011 年 3 月，国务院出台了“国四条”：内容包括：立即组织对中国核设施进行全面安全检查；切实加强正在运行核设施的安全管理；用最先进的标准全面审查在建核电厂；严格审批新上核电项目，抓紧编制核安全规划。2011 年 3 月至 9 月，国家核安全局、国家能源局和中国地震局联合对 14 台运行机组和 26 台在建机组进行了综合安全检查。检查结果表明：中国核电厂具备一定的严重事故预防和缓解能力，安全风险处于受控状态，安全是有保障的。在综合安全检查的基础上，国家核安全局于 2012 年 6 月发布了《福岛核事故后核电厂改进行动通用技术要求（试行）》，作为核电厂后续改进行动的指导性文件，包括防洪能力、应急补水、移动电源、乏燃料池监测、氢气监测与控制等八个方面的改进技术要求。目前在建核电厂已经根据这些要求，制定了具体的改进方案并得到了实施。国家核安全局还牵头编制了《核安全与放射性污染防治“十二五”规划及 2020 年远景目标》，编制《“十二五”期间新建核电厂安全要求和审评原则》，分别从顶层规划和具体技术要求的层面，为提高未来核电厂的安全性提供了政策指导和依据。

福岛核事故后安全标准的大范围大幅度提高，势必会加快核电技术的升级换代。中国的核电企业纷纷加大自主三代核电技术的研发力度，以求在后福岛时代的国内乃至国际核电市场中抢占先机。以华龙一号和 CAP1400 为代表的自主三代核电技术满足最先进的核安全标准，从提高安全系统多样性和冗余度、采用非能动技术、提高外部事件防护能力等角度将安全性提升到与国际先进核电技术相当的水平，力求从设计上实际消除大量放射性物质释放的可能性。

2.2 中国采用的堆型和技术水平

2.2.1 压水堆

1. CNP300

秦山核电厂采用 CNP300 型压水堆，是一座原型核电厂。秦山核电厂已经具备商用核电厂的主要特征，工艺流程、系统功能、安全设施和技术特性等均与商用核电厂一致，技术规范也参照国际通用的标准。

CNP300 反应堆冷却剂系统包括两个环路，分别连接在反应堆容器上。每条环路上连接有一台主泵和一台蒸汽发生器，其中一个环路还连接一个稳压器。蒸汽发生器是立式倒 U 形蒸汽发生器，传热管采用 In-800 材料，在栅格布置上采用正方形布置，便于排污和清渣。主泵为立式、单级、单速、混流式轴封泵。主泵电机是立式三相感应电动机，并装有飞轮。稳压器有较大的比容积，提供了良好的一回路稳压性能。

专设安全系统包括安注系统、安全壳喷淋系统、安全壳消氢系统和应急给水系统。安注系统包括高压安注、低压安注和安注箱三个子系统，分成两个相互独立的系列。4 台高压安注泵分为两组，每组两台连在一起后再用 4 根分管分别与两个环路的热段和冷段连接。接到"安注信号"后，高压安注泵和上充泵一起启动，将换料水箱的硼水注入反应堆冷却剂系统。除了两台离心式上充泵之外，化容系统还有两台往复式上充泵，用于水压试验。安全壳消氢系统采用触媒消氢法，消除失水事故后聚集于安全壳内的氢气。

安全壳为圆筒形预应力混凝土结构，自由容积较大，达到了国际上900 MW安全壳的自由容积，事故时峰值压力较低，有利于减小泄漏量和具有较大的强度安全裕量。

2. M310（法马通系列）

20 世纪 80 年代，中国从法国法马通公司引进了三环路百万千瓦级压水堆技术 CPY，并被重新命名为 M310，建造了位于广东省的大亚湾核电厂和岭澳核电厂共 4 台 M310 机组。

M310 反应堆的专设安全系统包括安注系统、安全壳喷淋系统和辅助给水系统。安注系统包括两个系列的高压安注系统和低压安注系统，以及 3 个安注箱。辅助给水系统包括两个系列，每个系列配置电动泵和汽动泵。在安全壳设计方面，采用带钢衬里的单层预应力安全壳。严重事故预防和缓解措施方面，采用了沙堆过滤器用于安全壳过滤排放，以及非能动氢气复合器用于降低安全壳中的氢气浓度。常规岛设计方面，核电机组为每一个反应堆设置了单独的汽轮机厂房，与反应堆厂房成径向布置，采用由一个双流高压缸和两个双流低压缸组成的反动式半速机组。

大亚湾核电厂采用了 H 规程和 U 规程的使用，增强了对超设计基准事故和严重事故的应对能力。H 规程和 U 规程的研究根据多年运行经验反馈和 PSA 结果开展的，包括专门的规程以及为实施规程所做的硬件修改。H 规程主要用于应对各种超设计基准事故，包括最终热阱丧失、全部蒸汽发生器给水丧失、全部交流电源丧失，并且考虑了安全壳喷淋泵和低压安注泵的互相备用。U 规程则主要是用于在严重事故工况下监测和恢复安全壳完整性、进行安全壳过滤排放等。

岭澳核电厂 1 号、2 号机组进一步增加了法国核电厂 1993 年开始实施的 10 年改造计划，此外在防止硼稀释事故和防止一回路中水位运行时余热排出系统丧失事故、增加启动给水、安全壳过滤排放系统方面也做了改进。

3. CNP600

秦山第二核电厂 1 号机组采用了 CNP600 技术，是中国自主设计和建造的第一个标准化大型商用核电厂，由中国核工业集团原核工业第二研究设计院（现中国核电工程有限公司）负责总体研发和设计。CNP600 在堆芯设计、安全系统、控制系统、应急柴油发电机等核电厂安全和性能方面取得了多项创新，使反应堆固有安全性能、安全系统可靠性和冗余度、预防和缓解严重事故能力等得到全面优化。同时还优化了设备设计和系统参数，提高了机组的输出功率，最大可达 689 MW。

秦山第二核电厂 3 号、4 号机组以 1 号、2 号机组为参考机组，并根据运行经验反馈施行了 1 000 多项改进，其中包括 10 项重大技术改进，比如数字化仪控、完善的可燃气体控制系统、稳压器卸压功能延伸、先进燃料组件等。这使得 CNP600 的经济性和安全性又提高到了一个新的水平，设计负荷因子从 65%提高到 75%，设备国产化比例从 55%提高到 70%以上，建设计划工期从 72 个月缩短为 60 个月，并且具备了相当的严重事故预防和缓解能力。3 号机组于 2010 年 10 月 21 日投入商业运行，比计划提前 7 个月。海南昌江核电厂 1 号、2 号机组也采用了 CNP600 技术，1 号、2 号机组分别于 2015 年 12 月和 2016 年 8 月投入商业运行。

CNP600 反应堆冷却剂系统由两条环路组成，每条环路配有一台主泵、一台蒸汽发生器，其中一个环路连接稳压器。主泵为单级、立式离心泵，效率提高到79%。蒸汽发生器采用60F型立式、自然循环、U形管式蒸汽发生器，增加了传热面积，传热管材料改用抗应力的因科镍690，增加残渣收集器，提高了抗腐蚀能力。稳压器增大了比容积，优化了稳压器波动管的布置，减少了热分层引起的应力不均。

专设安全设施包括安全注入系统、安全壳喷淋系统、辅助给水系统、安全壳大气控制系统等。专设安全设施采用两个冗余系列，满足单一故障准则。安全注入系统包括高压安注系统、安注箱注入系统和低压安注系统。三台高压安注泵也兼作化容系统上充泵，除了冷段和热段注入之外增设了两个压力容器直接注入接口。辅助给水系统设计成两组汽动、电动组合的相互独立的系列，并采用了相对容积更大的辅助给水箱。CNP600还设置了安全级的替代型第5台应急柴油发电机，在全部失去厂内外电源时，提高核电厂抵御严重事故的能力。

CNP600采用带钢衬里的预应力混凝土安全壳，采用两个水平预应力钢束锚固扶壁柱的结构方案，并且加大了安全壳自由空间。CNP600采用了一定的严重事故预防和缓解措施，比如秦山第二核电厂1号、2号机组设置了湿式安全壳卸压过滤系统，防止安全壳超压失效；3号、4号机组进一步设置了完善的安全壳内可燃气体控制系统，采用了稳压器的卸压功能延伸，具有严重事故下超压保护、避免高压熔堆的能力。

4. CNP1000/CPR1000

岭东核电厂、红沿河核电厂、宁德核电厂、福清核电厂、方家山核电厂、阳江核电厂和防城港核电厂等核电厂20余个机组采用了CNP1000/CPR1000技术。岭东核电厂在大亚湾核电厂和岭澳核电厂的技术基础上，根据运行经验反馈和法国同类机组批量改造计划，进行了15项重大技术改进和380项小项改进和优化，其中旨在提高安全性的技术改进包括：稳压器功能延伸、辅助给水系统配置改进、采用数字分布式仪控系统和先进主控室、设置完善的可燃气体控制系统、设置两台“一拖一”的应急柴油发电机、消防设计改进；旨在提高经济性的技术改进包括：采用先进燃料组件、延长压力容器寿期、采用半速汽轮发电机组等。此外还采用了基于状态导向的事故处理规程、首炉堆芯 18 个月换料方案、可视化进度控制、三维辅助设计校核等先进技术。岭东核电厂的综合技术安全经济指标达到目前国际同类核电厂的先进水平。

CNP1000/CPR1000 的反应堆冷却剂系统包括三个环路，每条环路设有一台蒸汽发生器和一台主泵，通过冷却剂管道与反应堆压力容器相接，其中一条环路的热段管道上设有一台稳压器。蒸汽发生器是立式、自然循环、U 形管式蒸汽发生器，采用改进的 55/19 型，具有以下特征：加大了换热面积，增加了蒸汽出口压力；采用因科镍 690 作为传热管材料，具有良好的抗晶间和应力腐蚀的能力；采用不锈钢支撑板，板上有四叶钻形孔，防止腐蚀产物沉积和传热管凹陷；对传热管在管板内的部分进行高压液压胀管，降低了过渡区的残余应力；改进管板上的流速分配，防止形成沉淀。主泵是三相感应式电动机驱动的立式、单级、轴密封泵。稳压器设置了三组安全阀提供超压保护。

专设安全设施包括安全注入系统、安全壳喷淋系统、辅助给水系统等，由两个冗余的系列组成，每个系列都能提供 100%的容量，并由两台相互独立的应急柴油发电机作为应急电源。安注系统包括高压安注系统、安注箱注入系统和低压安注系统。三台高压安注泵并联布置，正常运行时作为化容系统的上充泵。高压安注系统有三条冷段注入管线和三条热段注入管线。安注系统浓硼回路的硼浓度被显著降低，防止管道硼结晶，提高系统可用性。应急柴油发电机采用“一拖一”配置，即一台柴油机拖动一台发电机，提高了启动可靠性。辅助给水系统包括两列，一列配置2×50%的汽动泵，另一列配置 2×50%的电动泵，辅助给水箱的容积也增大到 1 000 m^3。

CNP1000/CPR1000 采用带钢衬里的预应力混凝土安全壳，并设置了一系列严重事故预防缓解措施，比如稳压器卸压功能延伸、设置完善的可燃气体控制系统、安全壳卸压过滤排放系统，同时安全壳喷淋系统和安全壳内大气监测系统也能用于严重事故的应对。稳压器功能延伸用于在事故后对一回路有效降压，防止高压堆熔后产生的安全壳直接加热（DCH）现象；可燃气体控制系统用于防止氢气燃烧或迅速爆燃对安全壳完整性造成威胁；安全壳过滤排放系统通过主动卸压确保安全壳的完整性；安全壳喷淋系统对裂变产物沉降或者对裂变产物进行洗涤；安全壳内大气监测系统对严重事故工况下安全壳内的压力和放射性水平进行监测，用于支持严重事故管理导则的执行。此外，针对超设计基准事故和严重事故具有专门的运行规程（H 规程和 U 规程），还开发了严重事故管理导则用于严重事故工况下的事故管理。

5. VVER 系列

采用 VVER 技术的核电厂为江苏田湾核电厂，共 4 台机组。1997 年中俄两国签署合同，在江苏省田湾核电厂建造两台 VVER-1000/V-428（即 AES-91）压水堆核电机组。AES-91 型压水堆核电机组是俄罗斯在总结 VVER 型机组的设计、建造和运行经验基础上做出的改进型设计，采用了一系列重要先进设计和安全措施，包括安全系统四通道、堆芯熔融物捕集器、全数字化仪控系统、反应堆厂房双层安全壳、非能动氢气复合器等，满足三代核电厂的用户需求。

VVER-1000 的设计继承了 VVER-440 的许多优点，做了大量的改进和革新，比如改进压力容器制作工艺、增设了安全壳、喷淋降压系统等。VVER-1000 均为四环路系统，每条环路由热管段、一台蒸汽发生器、一台主泵和冷管段组成，稳压器系统连接在其中一条环路上。V-428 广泛采用冗余布置，提高反应堆的安全性。

6. 西屋系列

采用西屋系列技术的核电厂包括台湾马鞍山核电厂、三门核电厂、海阳核电厂。其中，台湾马鞍山核电厂采用的是西屋公司建造的三环路压水堆技术。每个环路由一个倒U形管立式蒸汽发生器、单级立式离心泵和连接管道组成，一个环路的热管连接稳压器。反应堆冷却剂系统设计成在接近恒定的冷段温度下运行，热段温度随着功率水平的增加而上升。在核岛系统设计方面，利用离心式上充泵执行高压安注（HPSI）功能。

三门核电厂和海阳核电厂采用AP1000技术，AP1000为单堆布置的两环路机组，电功率1 250 MW。采用了增大的蒸汽发生器（Δ125型），稳压器的容积进一步增大；主泵采用屏蔽式电动泵，取消了主泵的轴封；取消了压力容器堆芯区的环焊缝，堆芯的测量仪表布置在上封头。AP1000主要的安全系统都采用了非能动的设计，主要包括：非能动堆芯冷却系统、非能动安全壳冷却系统、安全壳隔离系统、可燃气控制系统、非能动主控室应急可居留系统等。不需要非安全级系统就能缓解设计基准事故，不考虑非安全系统的作用就能满足规定的安全目标，与传统的压水堆核电厂相比，对许多系统的设计都进行了简化和降级。非能动安全系统的设计大幅度地减少了设备和部件，与正在运行的核电厂的设备相比，安全级阀门、泵、安全级管道、电缆、抗震厂房容积分别减少了约50%、35%、80%、70%和45%。同时采用标准化的设计，便于采购、运行、维护。安全壳为双层安全壳结构，外层为预应力混凝土，内层为钢制安全壳。在AP1000的设计中，考虑了以下几类严重的事故，包括堆芯和混凝土的相互反应、高压熔堆、氢气燃烧和爆炸、安全壳超压等。为了防止堆芯熔融物熔穿压力容器与混凝土地板发生反应，AP1000采用了将堆芯熔融物保持在压力容器内的设计，在发生堆芯熔化事故后，将水注入到压力容器外壁和其保温层之间，冷却堆芯的熔融物，保证压力容器不被熔穿，避免堆芯熔融物和混凝土底板发生反应。针对高压堆熔事故，AP1000 在主回路上设置了 4 级可控的自动卸压系统（ADS），通过冗余多样的卸压措施，可靠地降低了一回路的压力，避免高压堆熔的发生；针对氢气燃烧和爆炸的危险，AP1000 在设计中使氢气从反应堆冷却剂系统逸出的通道远离安全内壁，避免氢气火焰对安全内壁的威胁，同时在安全壳内部布置了冗余、多样的氢气点火器和非能动的自动催化氢复合器，降低氢气燃烧和爆炸对安全壳的危险。对于安全壳超压事故，AP1000 非能动安全壳冷却系统在发生事故后依靠空气冷却就足以带出安全壳内的热量，有效地防止安全壳超压。AP1000 仪控系统采数字化技术设计，通过多样化的安全级、非安全级仪控系统的信息提供、操作避免发生共模失效。主控室采用布置紧凑的计算机工作站控制技术，人机接口设计充分考虑了运行电厂的经验反馈。

7. EPR 系列

采用 EPR 系列技术的核电厂包括台山核电厂等。EPR 是四环路大功率核电机组，热功率为 4 250～4 900 MW，电功率为 1 600 MW 级。反应堆冷却剂泵采用立式、单级混流泵，由水力单元、轴封和电动机组成。在反应堆冷却剂泵的电动机轴上，安装了飞轮，在全厂断电和设计基准地震同时发生的情况下，保证了主泵的惰转能力仍能得以维持。EPR 的蒸汽发生器采用了传统的自然循环式蒸汽发生器。EPR 反应堆压力容器根据堆芯尺寸进行设计，EPR 的堆芯由 241 个 17×17 形式的 AFA 3GLE 或 HTPLE 燃料组件组成。EPR 重要的专设安全系统由四个 100%容量的系列组成，每个系列对应一个环路，系列间不需要母管相连，系统间没有交叉。专设安全系统的支持系统包括设备冷却水系统、重要厂用水系统、应急电源系统等，也是由四个系列组成，分别对应一个安全系列。专设安全系统和支持系统的四个系列分别布置在四个分区，实现了完全的实体隔离，一个分区内的安全系统和支持系统不会影响其他分区的功能，特别是有两个分区分别布置在安全壳的两侧，实现地理位置的隔离。在具体系统的配置方面，余热导出系统与低压安注系统共用一个系统，增加了低压安注和余热导出系统的冗余度；降低安全注入压力，中压安注系统取代了高压安注系统；换料水箱设置到安全壳内。EPR 采用了双层安全壳，并提高了内层预应力混凝土安全壳的设计压力，设置了专门用于在严重事故中启动的安全壳喷淋系统。设计了完善的安全壳底板保护，将堆芯熔融物保留在展开的区域内。采用非能动的方式，对熔融物进行冷却，保证安全壳的完整性。设置了环廊通风系统，在双层安全壳之间保持负压，收集内、外层安全壳的泄漏，保证不会向安全壳外直接泄漏。在设备间和穹顶共设置了 47 个氢气催化复合器，能够支持整体对流，使大气均匀化，降低局部氢浓度峰值。EPR 的反应堆厂房、燃料厂房以及部分的安全厂房可以承受大型商用飞机的撞击；每个分区实体隔离，防止了内部灾害的影响。EPR 采用了法马通原子能公司的 Teleperm XS 和西门子公司的 Teleperm XP 数字化仪控系统，在设计上充分考虑了 N4 核电机组的经验反馈，一方面通过采用数字化仪控系统降低成本，另一方面提高机组的安全性和可用率。

8. ACPR1000

采用 ACPR1000 技术的核电厂包括阳江核电厂5 号、6 号机组和辽宁红沿河核电厂 5 号、6 号机组。ACPR1000 在 CPR1000 的基础上实施了 97 项改进，其中包括 45 项重要改进，在主要系统、设备和构筑物设计不发生重大变化的情况下，提高了核电厂应对严重事故的能力，主要指标达到三代核电用户需求，基本满足福岛事故后新建核电厂的安全要求。在堆芯和一回路设计方面，采用了“全 M5”AFA3G 燃料组件；首循环采用含钆可燃毒物组件；增加主泵非能动停车密封，保证主泵轴封在全厂断电事故下的完整性；通过优化蒸汽发生器上部支承降低主回路在地震作用下的响应，提高反应堆冷却剂系统的抗震裕量；应用破前漏（LBB）技术，设计基准事故中可不考虑主管道双端剪切断裂；减少主蒸汽、主给水管线上的阻尼器；实施了蒸汽发生器传热管破裂（SGTR）工况下防止蒸汽发生器满溢的改进。超设计基准事故（包括严重事故）的应对方面，加强超设计基准下纵深防御的冷却手段，实施了换料水箱临时补水、一次侧临时补水、安全壳临时喷淋和二次侧临时补水的改进；加强超设计基准下纵深防御的供电能力，增设移动式应急电源及接口；改进厂址附加后备电源柴油发电机组，厂房建筑、暖通、消防等达到与应急柴油发电机同等级的抗震能力；增设非能动应急冷却高位水源，满足事故后核电厂 6 小时用水需求；增设二次侧非能动冷却系统，在蒸汽发生器没有补水的情况，通过高位水箱内的换热器冷却蒸汽，实现汽水的非能动循环；增设堆腔注水系统，严重事故时向堆腔内注水进行压力容器外部冷却以保持压力容器完整性，将堆芯熔融碎片滞留于压力容器中；设置了安全壳及乏燃料水池事故后中长期排热系统，用于排出事故后堆芯、安全壳及乏燃料水池的余热；增加了严重事故安全壳内氢气浓度监测系统；增加严重事故专用的仪控系统和严重事故机柜专用的交流不间断电源；增设严重事故卸压阀；改进了控制室可居留性系统；增加乏燃料水池应急补水管线；设置了严重事故状态下乏燃料水池温度和液位的检测；安全壳过滤排放系统采用单堆配置优化设计。其他方面，增设了多样化驱动系统（DAS）以更好地应对数字化保护系统软件的共因故障；提高了核岛厂房和泵站、柴油机厂房的防水淹能力。

9. 华龙一号（HPR1000）

截至 2016 年 8 月，采用华龙一号技术的核电厂包括福建福清核电厂 5 号、6 号机组，以及广西防城港核电厂 3 号、4 号机组。华龙一号将能动与非能动相结合，设计继承了成熟可靠的能动技术，同时增加非能动系统作为交流电源丧失情况下能动系统的备用。能动与非能动相结合的技术用于确保应急堆芯冷却、堆芯余热导出、熔融物堆内滞留（IVR）、安全壳热量排出等安全功能。为了进一步消除剩余风险，设计中考虑了适当的措施和充足的裕量以保护电厂免受地震、洪水和大型商用飞机撞击等超设计基准外部事件的袭击。通过设置移动泵和移动柴油发电机，提高了应急响应能力。水箱贮存水量和专用电池容量能够维持非能动系统持续运行 72 小时，对于延长电厂自治时间具有显著意义。设计吸取福岛事故经验并且采取了措施能够有效应对类似的事故情景。华龙一号的运行性能和经济目标符合 URD 与 EUR 的要求，如电厂可利用率、设计寿期和换料周期。多数设备都经过了验证并可以在国内加工制造，提供了更经济和便利的设备供应链。破前泄漏（LBB）和一体化堆顶结构等先进技术的应用也降低了建造、维护的成木和周期。

反应堆冷却剂系统采用成熟的三环路设计，类似的配置在世界范围内具有非常丰富的运行经验。三个环路并行连接于反应堆压力容器，每条环路包括一台蒸汽发生器和一个反应堆冷却剂泵，电加热的稳压器连接在其中一个环路上。压力容器、蒸汽发生器与稳压器的容积增大以适应更高的功率，同时更好地容纳运行瞬态，降低非计划停堆的可能性。通过控制材料中的有害元素，降低母材与焊材的初始 RT_{NDT}、消除筒体焊缝、增大水隙。压力容器采用低合金碳钢制造，其内表面覆盖抵御腐蚀的不锈钢堆焊层，主要部件采用整体锻造以减少焊缝数量。采用先进堆芯测量系统，压力容器底部贯穿件取消，中子通量探测器和温度测量探测器合成一个组件改从压力容器顶盖引入，减小了严重事故情况下压力容器下封头的失效概率。压力容器保温层采用金属反射型结构，能有效减少反应堆的热损失，改善堆腔环境条件，在严重事故工况下还能为堆腔注水冷却系统提供冷却压力容器外壁面的环形流道。采用一体化堆顶结构，提高结构整体刚度、简化安装操作、缩短开/扣盖的操作时间。具有自主知识产权的 ZH-65 型蒸汽发生器为立式、自然循环、倒 U 形管式蒸汽发生器，具有一体式汽水分离装置。通过使用更小外径的换热管并增加换热管数量来增大换热面积，从而与增大的热功率匹配。传热管采用抗腐蚀性能优良的因科镍 690 合金制造，由管板支撑，管孔呈三叶状排列。蒸汽发生器二次侧容积的增加也能够延长蒸汽发生器传热管破裂（SGTR）事故时的蒸汽发生器满溢时间，延长补水完全丧失事故时的干涸时间。稳压器具有 51 m^3的自由空间，用以限制负荷瞬变时的压力变化，将反应堆冷却剂系统的压力维持在设计限值以内。超压保护由三列先导式安全阀以及严重事故专用卸压阀提供。反应堆冷却剂泵为立式、单级、轴封离心泵，由风冷三相感应电机驱动。泵采用静止轴封，在泵停止运转时，无需能动的轴封注入系统就能维持主泵轴封。反应堆冷却剂管道采用整体锻造，并根据破前泄漏（LBB）概念设计，消除了为适应双端断裂的动态效应设计反应堆冷却剂系统部件、管道以及支撑件的必要。用于缓解设计基准事故的专设安全设施主要包括安全注入系统、辅助给水系统与安全壳喷淋系统。专设安全设施包括冗余系列以满足单一故障准则。为了保证独立性，每个系列布置在实体隔离的厂房内并且由独立的应急柴油发电机供电。安全注入系统由两个能动子系统（即中压安注子系统和低压安注子系统）与一个非能动子系统（安注箱注入子系统）组成。系统采用了内置换料水箱，相比设在安全壳外的换料水箱，增强了对外部事件的防护，并且避免了长期注入阶段的水源切换。中压与低压安注泵在发生冷却剂丧失（LOCA）事故时从内置换料水箱取水并注入到反应堆冷却剂系统以提供应急堆芯冷却防止堆芯损坏。与现有核电厂相比，安注泵不再与其他系统共用从而提高了设备的可靠性和独立性，降低安注压头从而降低了 SGTR 事故的风险，取消了硼酸注入箱与硼酸循环回路实现了系统简化。辅助给水系统用于在丧失正常给水时为蒸汽发生器二次侧提供应急补水并导出堆芯余热。水源取自两个辅助给水池，动力由 2×50％电动泵（可由应急电源供电）和 2×50％汽动泵（由蒸汽发生器供汽）提供。泵的多样性提高了系统的可靠性。安全壳喷淋系统通过喷淋，冷凝 LOCA 或主蒸汽管道破裂（MSLB）事故时释放到安全壳内的蒸汽，将安全壳内的压力和温度控制在设计限值以内从而保持安全壳的完整性。喷淋水由喷淋泵从内置换料水箱抽取，并添加化学药剂以减少安全壳大气中的气载裂变产物（尤其是碘）和限制结构材料的腐蚀。低压安注泵可作为安全壳喷淋泵的备用，确保长期喷淋的可靠性。

华龙一号对于所有可能的严重事故现象采取了完善的预防和缓解措施，包括高压熔堆、氢气爆炸、底板熔穿和安全壳长期超压。对于特定超设计基准事故比如全厂断电（SBO），设计中也考虑了适当的措施。一回路快速卸压系统用于在严重事故情况下对反应堆冷却剂系统进行快速卸压，从而避免可能导致安全壳直接加热的高压熔堆现象发生。压力容器高位排放系统用来在事故情况下从压力容器顶部排出不可凝气体，以避免不可凝气体对堆芯传热的影响。堆腔注水冷却系统（CIS）通过向反应堆压力容器外表面与保温层之间的流道注水来实现对压力容器下封头外表面的冷却，从而维持压力容器的完整性并实现堆芯熔融物的堆内滞留。二次侧非能动余热导出系统（PRS）在 SBO 事故并且汽动辅助给水泵失效时投入运行，以非能动的方式为蒸汽发生器二次侧提供补水。安全壳消氢系统用于将安全壳大气内的氢气浓度控制在安全限值以内，防止设计基准事故时的氢气燃烧或严重事故时的氢气爆炸。非能动安全壳热量排出系统（PCS）用于排出安全壳内的热量，从而确保在发生超设计基准事故时安全壳内的压力和温度不会超过设计限值。安全壳过滤排放系统提供了一个通过主动的有计划排放过滤净化后的气体避免安全壳超压的选择。在发生未能紧急停堆的预期瞬态（ATWT）事故时，应急硼注入系统用来向反应堆冷却剂系统提供快速硼化从而将堆芯保持在次临界状态。华龙一号也提供了多样化的可靠电源来确保电厂在多数情况下的安全，包括两列独立的厂外电源、两台应急柴油发电机和一台附加柴油发电机、两个SBO柴油发电机、移动式柴油发电机提供临时电源，以及不同电压的直流电池，包括两个专门为非能动系统阀门、仪表和控制负荷供电的72小时电池。

华龙一号总体布置以单堆布置为基础，划分为核岛、常规岛与电厂配套设施（BOP）。反应堆厂房位于核岛的中心，周围有燃料厂房、电气厂房与两个安全厂房。外围还有其他厂房如核辅助厂房、运行服务厂房等。核岛厂房采用水平和竖直方向均为 0.3 g 的地面峰值加速度作为抗震设计输入。反应堆厂房、燃料厂房、电气厂房与安全厂房位于一个整体筏基上以提高抗震能力。实施抗震裕量评估以评价抵御超设计基准地震的能力。安全壳是一个筏基上的双层安全壳。内层安全壳是带密封钢衬里的预应力混凝土结构（包括筒体与半球状穹顶），可以承受安全壳内的事故条件，包容放射性裂变产物。壳内的大量自由空间（约87 000 m^3）提供了充足的安全裕量。外层安全壳为钢筋混凝土结构（包括筒体与浅半球状穹顶），用来抵御外部事件如飞机撞击、外部爆炸和飞射物，以保护内层安全壳和内部结构、设备的安全。两层安全壳之间的环形空间被通风系统维持在微负压状态，从而收集可能的内壳泄漏并在排放之前进行过滤。对大型商用飞机撞击的防护是通过反应堆厂房、燃料厂房和电气厂房的混凝土屏蔽墙以及安全厂房的实体隔离实现的。核岛设计考虑了包括地震、洪水、风、龙卷风、海啸在内的所有外部自然事件以及厂址相关的外部人为事件。对于内部灾害比如内部水淹、飞射物、管道甩击、喷射和流体释放等也进行了分析，并在设计中采取了必要的措施。

此外，华龙一号充分考虑福岛核事故的经验反馈采取了一系列的改进措施，比如增设应急供水设施、改进乏燃料池的冷却和监测手段。华龙一号采用全数字化仪控系统和先进的主控室设计，具有良好的人机接口。采用先进的放射性废物处理工艺，气载和液态流出物排放符合最新的国家标准，单台机组的废物包年产生量预期值不超过 50 m^3/a，实现废物最小化的目标。如图 40～图 43 所示。

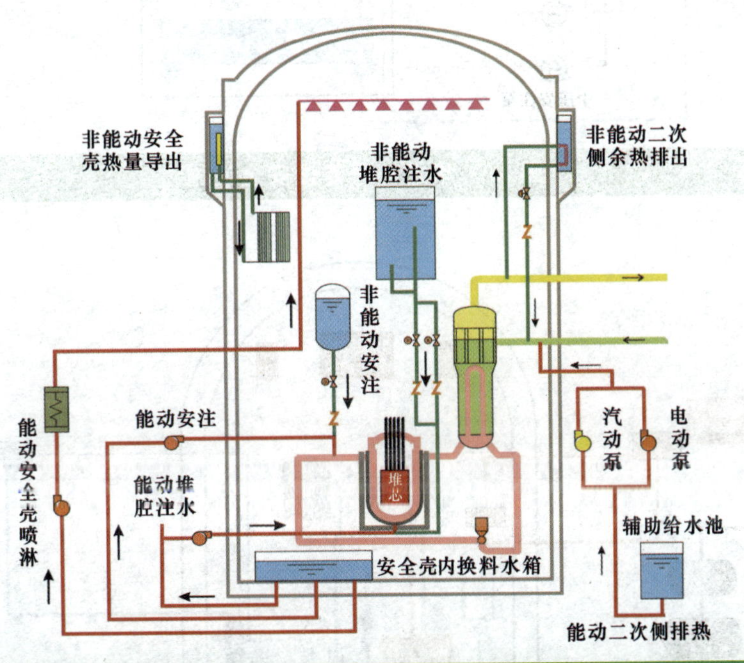

图 40 华龙一号能动与非能动相结合的安全措施

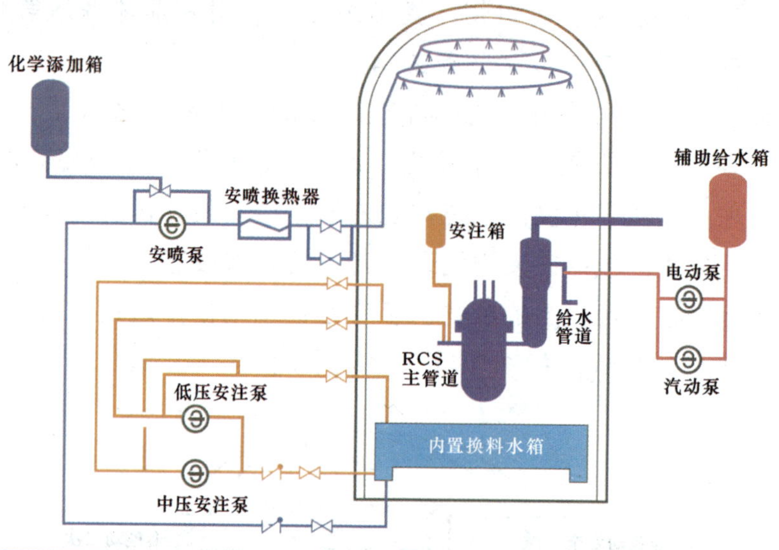

图 41　华龙一号专设安全设施

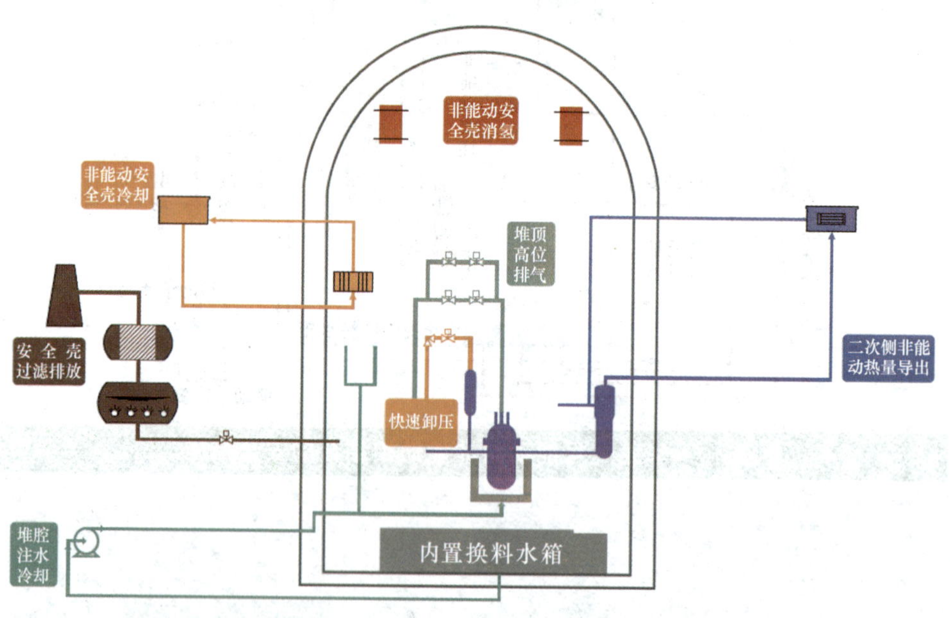

图 42　华龙一号严重事故预防和缓解措施

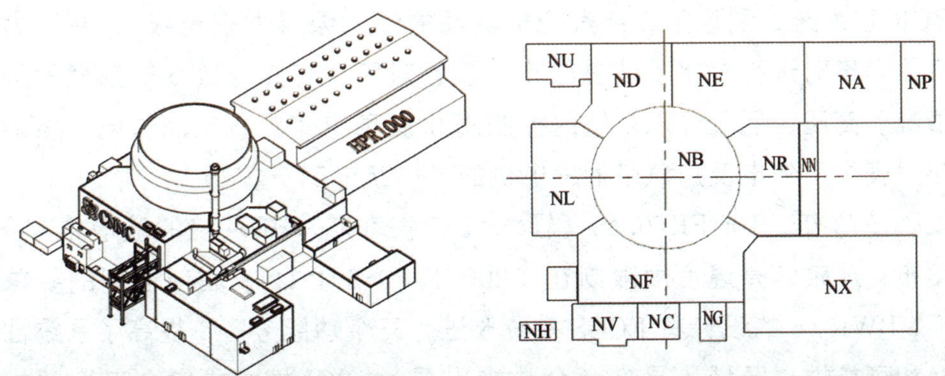

图 43 华龙一号核岛厂房布置

NB—反应堆厂房；NF—燃料厂房；ND/NE—电气厂房；NL—安全厂房 A；
NR—安全厂房 B；NX—核辅助厂房；NN—连接厂房；NU—柴油机厂房 A；
NV—柴油机厂房 B；NA—运行服务厂房；NC—应急空压机房；
NG—反应堆厂房龙门架；NP—核岛消防泵房；NH—SBO 柴油发电机厂房

2.2.2 沸水堆

1. GE 系列

采用 GE 系列沸水堆的核电厂是金山核电厂和国圣核电厂。金山核电厂采用了 BWR/4 (Mark I) 技术，国圣核电厂采用的是 BWR/6 技术。

对于一回路任何位置任何大小的破口或设备失效带来的冷却剂丧失（LOCA）事故，安全系统必须设计成具有缓解其后果的能力。应急堆芯冷却系统（ECCS）能够为堆芯提供冷却水和长期的余热导出。安全壳作为最终屏障，以阻止裂变产物的释放。安全壳的抑压水池提供了最终热阱和堆芯冷却水源。安全壳热量导出系统将衰变热传递给最终热阱。应急堆芯冷却系统、安全壳，以及相关支持系统共同构成了能够冗余应对瞬态和事故的安全系统。BWR/4 引入了独立的 ECCS 系统。BWR/4 设有堆芯隔离冷却（Reactor Core Isolation Cooling,

RCIC）系统，利用第二台汽轮机驱动的注入泵（非安全级），在压力容器隔离时进行补水，流量较小，仅针对因衰变热导致冷却剂蒸发的情况。高压、低压注入系统的控制阀和仪表均有应急电池供电，能够应对丧失厂外电及应急柴油发电机的全厂断电工况。

1973年，10CFR50.46《轻水堆应急堆芯冷却系统的验收准则》发布，规定包壳温度须限制在2 200 ℉（1 204 ℃）。在新准则的要求下，BWR/6的设计将ECCS系统改进为三个功能分区，提高了系统性能和可靠性。区域Ⅰ是2台余热排出泵（LPCI模式或安全壳冷却模式）加低压喷淋系统；区域Ⅱ是2台余热排出泵（LPCI模式或安全壳冷却模式）加1台LPCI泵（压力容器直接注入）；区域Ⅲ是高压喷淋（High Pressure Core Spray，HPCS）系统，由柴油机供电直接冷却堆芯，取代了原来的汽轮机驱动的高压注入（HPCI）系统，从而避免了压力容器卸压后导致的汽轮机停机问题，也避免了高压注入从给水管线进入下降环腔后又随着再循环管线破口流失的问题。另一方面，低压注入管线的接口从再循环出口管线改至专用的注入管线，直接注入堆芯。此外，堆芯隔离冷却系统（RCIC）也予以保留，用以应对全厂断电。

BWR/4的抑压安全壳的干阱设计成灯泡形状，下方环绕着圆环状的湿阱。干阱的灯泡状设计，其顶盖是移动式的，方便维修换料，且底部有足够的空间布置再循环泵及相应管道。湿阱的圆环状环绕设计，为凝气管提供了更大的接触表面积。

BWR/6的（MarkⅢ）安全壳采用了更加简化的圆柱体设计，更加方便建造，同时也提供了更大的安装和维修空间，而且自由容积的增大也降低了安全壳的设计压力。采用水平的凝气管，降低了LOCA下的动态载荷。采用独立的全钢制安全壳，保证了密封性。上述的抑压安全壳通常称为一次安全壳，而包容一次安全壳的反应堆厂房则称为二次安全壳。二次安全壳是防止放射性气体外逸的另一道屏障。一次安全壳常采用承压钢结构或预应力混凝土结构。二次安全壳承受的压力较低，厂房结构可采用钢筋混凝土，而不是预应力混凝土，以利于缩短工期。

2. ABWR

采用 ABWR 技术的核电厂为龙门核能发电厂。ABWR 最大的改进是取消了外部再循环泵和喷射泵，而采用了 10 台内部再循环泵，将一回路部件移到压力容器内部，实现了全内部循环，提高了泵效率。而且，通过取消外部再循环泵及其相关管道，使得压力容器堆芯部位以下无大口径管嘴，从而在 LOCA 事故后无堆芯裸露风险，能够最大限度地保证堆芯冷却和长期淹没。正常运行时，10 台再循环泵同时工作，当 1 台泵停止时，剩下的 9 台仍可以实现 100%的功率输出，即使 3 台泵停止，其余 7 台依然能够实现约 90%的功率输出。ABWR 的 4 条主蒸汽管道上设置了 18 个安全释放阀，其中 8 个属于自动卸压系统系统，在堆芯隔离冷却系统和高压注入系统失效时自动开启，将堆内高压蒸汽排入抑压水池以降低反应堆压力至低压注入的工作范围。另外 10 个为自动控制的紧急卸压阀，在必要的情况下，卸压阀的动作可以有效的降低主回路的压力。

ABWR 对安全系统的设计进行了多方改进，能够提供较高层次的事故预防能力。应急堆芯冷却系统（ECCS）由堆芯隔离冷却系统（RCIC）、高压注入系统（HPCF）、余热排出系统（RHR）的低压注入模式（LPFL）组成，自动卸压系统（ADS）在需要时起辅助作用。ECCS 分为三个功能分区：区域Ⅰ，1 列 RCIC＋1 列 RHR/LPFL＋ADS；区域Ⅱ：1 列 HPCF＋1 列 RHR/LPFL＋ADS，区域Ⅲ：1 列 HPCF＋1 列 RHR/LPFL＋ADS。其中，RCIC 为汽动泵，其他均为电动泵。ABWR 设置有 3 台安全级应急柴油发电机，每台柴油机所属的分区内，都包括 1 个可供柴油机满负荷运行 8 h 的燃油贮存箱，并且柴油发电机燃油贮存和输送系统中的总储油箱可供每台柴油机满负荷运行 7 天。而汽动泵支持的 RCIC 具有最少 2 h、最多 8 h 的补水能力。此外，ABWR 还设置有一台公用的非安全级燃汽轮机，即使发生丧失全部电源的情况下，仍可以提供备用电源。

ABWR 一次安全壳采用的是带可拆卸钢封头的预应力钢筋混凝土结构，它与包括二次安全壳和清洁区在内的反应堆厂房支撑在同一基板上，并被二次安全壳包围而形成一个整体。一次安全壳包括干阱、湿阱和支持系统，内衬碳钢板（干表面）和不锈钢板（湿表面）。干阱到抑压水池之间有 10 根竖向凝气管，每根竖向凝气管再分出三根水平的凝气管与抑压水池相连。抑压水池内布置有 ECCS 系统的 9 个取水口滤网和 18 个安全释放阀的消泡器，用以提供热阱和降低安全壳压力。ABWR 还设有安全壳超压保护系统，通过带爆破膜的管线连接湿阱和烟囱，在安全壳完整性不能得到保证时，释放安全壳压力。结构方面，ABWR 压力容器基座由两个加强结构焊接形成的同轴钢壳组成，钢壳中间浇灌有 1.64 m 的混凝土，在连续作用下基座的完整性至少可保证 24 h。下部干阱地坑表面设有矾土层，以保护熔融物不会进入地坑。下部干阱安全壳钢衬里上设有 1.5 m 厚的玄武岩混凝土层，用以减少不凝气体的产生，保护安全壳边界不与堆芯熔融物直接接触。以上种种措施，极大地降低了 ABWR 安全壳早期失效的可能性。

2.2.3 重水堆

中国目前采用的重水堆技术为加拿大的 CANDU 重水堆技术。涉及核电厂为秦山第三核电厂。CANDU 重水堆采用二氧化铀（天然铀）为燃料、重水慢化剂和重水冷却剂。燃料元件置于水平设置的压力管内，反应堆两端面各有一台装换料机，可实现不停堆换料。CANDU-6 反应堆本体由一个卧式圆柱形结构（排管容器组件）、380 个燃料通道组件和反应性控制装置组成。

主热传输系统由主热传输泵（以下简称主泵）、蒸汽发生器、出口集管、入口集管、压力管式燃料通道及相应连接管所组成的闭式环路。加压重水冷却剂在主热传输系统中循环，将燃料通道中的核燃料裂变产生的热量传递到蒸汽发生器二次侧的轻水，使其产生蒸汽，蒸汽驱动汽轮发电机发电。

主热传输系统由两个对称的环路组成。每一个环路两次通过堆芯，即冷却剂是双向通过燃料通道（相邻通道冷却剂流向相反），形成一个“8”字形布置。正常运行期间，主热传输系统中的加压重水冷却剂在主泵的驱动下流经堆芯入口集管—堆芯入口侧的 95 根热传输支管—燃料通道—堆芯出口侧的 95 根热传输支管—堆芯出口集管—蒸汽发生器等，对本环路中燃料通道内的燃料进行冷却并形成闭式循环。这样一个环路冷却堆芯的 190 个燃料通道，两个环路实现对堆芯所有 380 个燃料通道的冷却。

反应堆设有两套相互独立的停堆系统（SDS）。28 根停堆棒为第一停堆系统，主要功能是事故响应快速落棒，终止事故瞬态将反应堆带回次临界状态，保证反应堆安全。液态毒物注入装置为第二停堆系统，接到触发信号时将液态毒物注入慢化剂中，实现停堆。

2.2.4　石墨气冷堆

中国在“863”计划中将“10 MW 高温气冷实验堆”（HTR-10）列为重点项目。HTR-10 由清华大学核能与新能源技术研究院承担，于 1995 年 6 月动工兴建，2000 年 12 月建成并达到临界，2003 年 1 月完成 72 h 满功率运行和并网发电验收试验，之后又完成了相关的安全试验和高功率运行考验。HTR-10 是中国自行设计和建造的第一座高温气冷堆。HTR-PM 的设计以 HTR-10 为原型，发电功率为 200 MW，是世界上第一座 20 万千瓦级具有第四代核能系统安全特性的核电机组。高温气冷堆采用陶瓷型包覆颗粒燃料元件，采用耐高温的石墨作为慢化剂和堆芯结构材料，用化学惰性的氦气作为冷却剂，利用氦气将反应堆裂变反应产生的热量导出，加热二回路不带放射性的水产生蒸汽，高温高压的蒸汽推动汽轮机旋转从而带动发电机发电。

如图 44 所示，HTR-PM 由两座反应堆和相应的两个蒸发器系统组成，每座反应堆的热功率为 250 MW，共同向一台蒸汽汽轮发电机组提供高参数的过热蒸汽，发电功率为 200 MW。两座反应堆布置在同一个反应堆厂房内。整个电厂由反应堆、一回路系统、专设安全设施、仪表与控制系统、电力系统、辅助系统、蒸汽电力转换系统、放射性废物处理系统、辐射防护系统等组成。

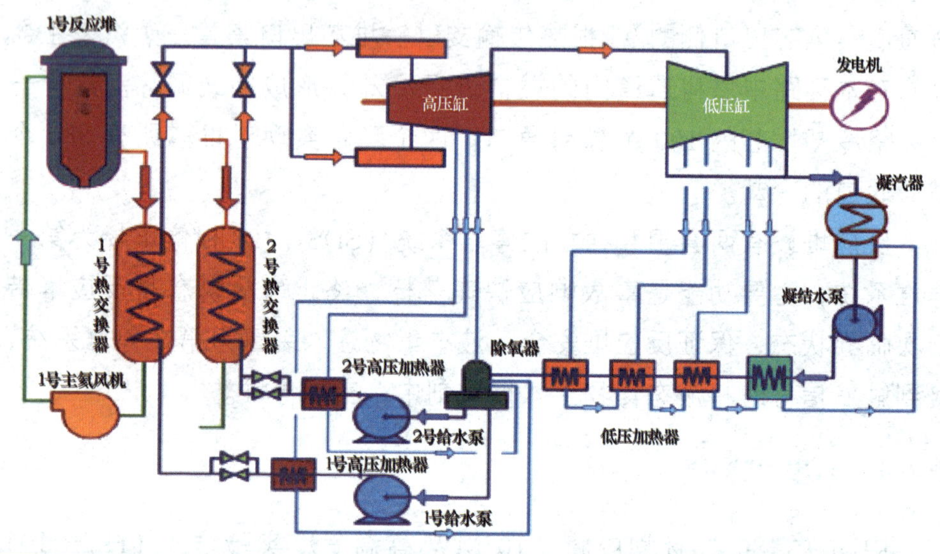

图 44　HTR-PM 主要系统

HTR-PM 球形燃料元件内部的包覆燃料颗粒为三重各向同性包覆（TRISO）颗粒。TRISO 颗粒的尺寸很小，直径约为 1 mm。在TRISO 颗粒中，0.5 mm 直径的燃料核芯首先包了一层多孔的低密度热解碳，其作用是吸收核裂变产生的气体；接下来是三重包覆层：内层高密度各向同性热解碳包覆层、碳化硅包覆层、外层高密度各向同性热解碳包覆层。这些燃料颗粒的包覆层形成了阻止核裂变产物向外释放的第一道屏障，其良好性能是高温气冷堆安全的根本保障。

此外，HTR-PM 还具有热效率高（40%～41%）、燃耗深、转换比高（0.7～0.8）等优点。在设计安全特性方面，HTR-PM 是具有第四代核能系统安全特性的先进堆型：可非能动载出衰变余热、氦气传热性及化学稳定性好（诱生放射性小）、功率密度低、热惯性大、温度裕量大、负反应性温度系数等。

2.3 核安全保障情况

2.3.1 核电厂安全概述

1. 严格的选址标准

核电厂的选址遵循技术经济、安全性能、环境安全和社会稳定四大原则，厂址选择需要经过反复周密的论证，主要考虑两方面的因素。一是安全方面因素：包括可能影响厂址适宜性的特征，其一要考虑会影响核电厂对环境潜在放射性后果的特征，如厂址周围的人口分布、气象和水文条件等；其二要充分论证厂址所在区域存在对核电厂可能有严重影响的极端外部事件，如地质条件、地震、海啸、洪水、极端气象、飞机坠毁和化学品爆炸等。二是非安全方面因素：主要包括电网、运行条件、地形、供水以及其他的社会经济因素等。

我国核电厂址对地质、地震、水文、气象等自然条件和工农业生产及居民生活等社会环境有着严格的标准。这些要求包括：稳定的地质结构，适宜的气象环境、适合的水文条件、与空中水上航道保持安全距离、周边较低的人口密度、周边便捷的交通。

（1）稳定的地质结构：在选址阶段会研究拟选厂址是否存在能动断层，判断未来发生地震的可能性。

（2）适宜的气象环境：在选址阶段就会对厂址附近的极端气象要素的强度和频率进行评估，例如台风、龙卷风、高温、暴雪等，确定出足够高的设计基准以防范这些因素对核电厂的可能影响。

（3）适合的水文条件：一个适宜的厂址除了要保证足够的冷却水、淡水供应外，还要分析厂址附近可能对核电厂有严重影响的海啸等极端水文事件。

（4）与空中水上航道保持安全距离：核电厂的厂址须和空中以及水上航道保持安全距离，防止飞机坠落、航船事故等对电厂造成影响。

（5）周边较低的人口密度：核电厂应尽可能的建在人口密度较低的地区，距离人口中心有足够远的距离。

（6）周边便捷的交通：核电厂周边的交通要便利，一方面是便于建造、运行核电厂的物资和人员的运输，另一方面，在事故时也便于人员疏散和救援行动的开展。

2. 核电厂的三大基本安全功能

为了保证核电厂的安全，在各种运行状态下、在发生设计基准事故期间和之后以及在发生所选定的超设计基准的事故工况下，都必须执行下列三大基本安全功能：

一是控制反应性：反应堆内装有由易吸收中子的材料制成的控制棒，通过调节控制棒的位置来控制核裂变反应的速度。

二是导出堆芯热量：为了避免由于过热而引起堆内燃料元件的损坏，必须导出燃料元件棒内燃料芯块释放的热量。

三是放射性物质的包容：为了避免放射性产物扩散到环境中，在核燃料和环境之间设置了多道屏障。

3. 五大技术措施保证运行安全

(1) 固有安全特性

压水堆首先设计成依据本身具有的物理特性来保证安全。运行过程中不可避免的某些扰动，不用外加控制手段和人为干预就能自动调整，称为“固有安全性”。

1) 当核功率意外上升时，在任何参数下都能立即自动“负反馈”，迫使功率回落到安全水平；

2) 当需要紧急停堆时，控制棒不需要外加动力，靠重力就能自动下落；

3) 当需要紧急向堆芯内注入冷却水时，即使安注泵启动不了，有一定压力的安注箱也可以向堆芯注水，同时把浓硼酸溶液注入堆内，补充控制棒的停堆能力；

4) 把蒸汽发生器布置在反应堆堆芯上方高处，一旦主冷却剂泵不起作用，靠密度差和重力差使一回路水自然循环，继续冷却堆芯。

(2) 保守的设计和事故分析

在压水堆核电厂的设计中，设想了近百种可能发生的事故，包括某些可能的事故叠加。根据它们发生的概率和后果的严重程度分成几类，形成国际上公认的事故类别表。

在正常运行、预计运行事件和设计基准事故的设计基准中，必须采用保守的设计措施和良好的工程实践，以保障不会发生反应堆堆芯的任何重大损坏；辐射剂量必须保持在规定的限值内，并且合理可行尽量低。

设计中还必须考虑核电厂在特定的超设计基准事故包括选定的严重事故中的行为。

对每一个事故或事故组合，都用大型计算机程序分析计算，计算中还做了留有充分安全裕量的假设。计算结果必须满足规定的验收准则。为了确保计算的准确性，对于一些重要的假想事故，安全审评单位的专家还要进行独立的复核计算。

(3) 专设安全设施

人们常用“以防万一”来形容对安全的重视和所采取措施的可靠，而核电厂的设计原则是“以防十万一”“以防百万一”。而且为了防止可能性极小的意外发生，也采取了周密的措施。核电厂在事故工况下投入使用并执行安全功能，以控制事故后果，使反应堆在事故后达到稳定的、可接受状态而专门设置的各种安全系统的总称为专设安全设施。如安全注入系统、安全壳喷淋系统、安全壳隔离系统、安全壳消氢系统、辅助给水系统等。

为使专设安全设施发挥其功能，设计中遵循下述原则：

1）设备高度可靠。即使在发生安全停堆地震（在分析核电厂所在区域的地质和地震条件、分析当地地表下物质特性的基础上所确定的、可能发生的最大地震）的情况下，专设安全设施仍能发挥其应有的功能。

2）系统满足多重性、多样性和独立性的要求。

3）系统应定期检验，并能对系统及设备的性能进行试验，使其始终保持应有的功能。

4）系统必须具备可靠的动力源。在发生断电事故时，柴油发电机可给系统提供动力源。

5）系统必须具有足够的水量和水源。在发生一回路失水事故后，始终都满足堆芯冷却和安全壳冷却所需的水量。

(4) 多样性、多重性和实体隔离

对安全非常重要的系统或设备，难保绝对不出故障。为了确保安全，多配置一份或几份备用的设备或系统，这就是“多重性”，也叫“冗余”。

为防止多重配置的系统同时出现故障，选用不同工作原理或者不同制造工艺的系统来执行同一个安全功能，这就是“多样性”。

为了防止因火灾、水淹、停电等引起系统全部同时失效，把冗余的系统或设备分别安装在不同的场所，并完全隔离，其供电也相互独立，这就叫“实体隔离”。这些都是国际上共同遵守的安全原则。

核电厂内的供电系统是应用这些原则的典型。一切重要设备都有两路可靠的外电源供电（多重性）。万一两路外电源同时断电，厂里还有大功率柴油发电机组和蓄电池组提供应急电源（多样性）。柴油发电机组和蓄电池组分别布置在互不相通的厂房内（实体隔离）。

（5）故障安全设计

核电机组中重要的安全系统如果出现故障，自动将机组引入到安全状态，这就叫做故障安全设计准则。核电厂系统必须设计成在该系统或其部件发生故障时不需要采取任何操作而使核电厂进入安全状态。

在某些情况下，采用故障安全原则为对付各种可能的故障提供一种附加的保护。“故障安全”意味朝着安全的方向失效。例如断电时控制棒因重力下落导致快速停堆；再如核电厂的许多阀门是电动的，没有电，阀门就不能动作。但向反应堆内补充冷却水的阀门，如果必须开启，在失电后就会固定在“开”的位置；而安全壳的隔离阀在失电后就会固定在“关”的位置。

4. 四大管理措施保驾护航

（1）国家实行严格的核安全监管

我国的核与辐射安全监管始终坚持“安全第一”根本方针，建立了核安全法规和制度体系，已形成包括1部法律、7部条例、100余种部门规章和导则的较为完整的法规体系，目前，正在制定《核安全法》和《原子能法》。如图45所示。

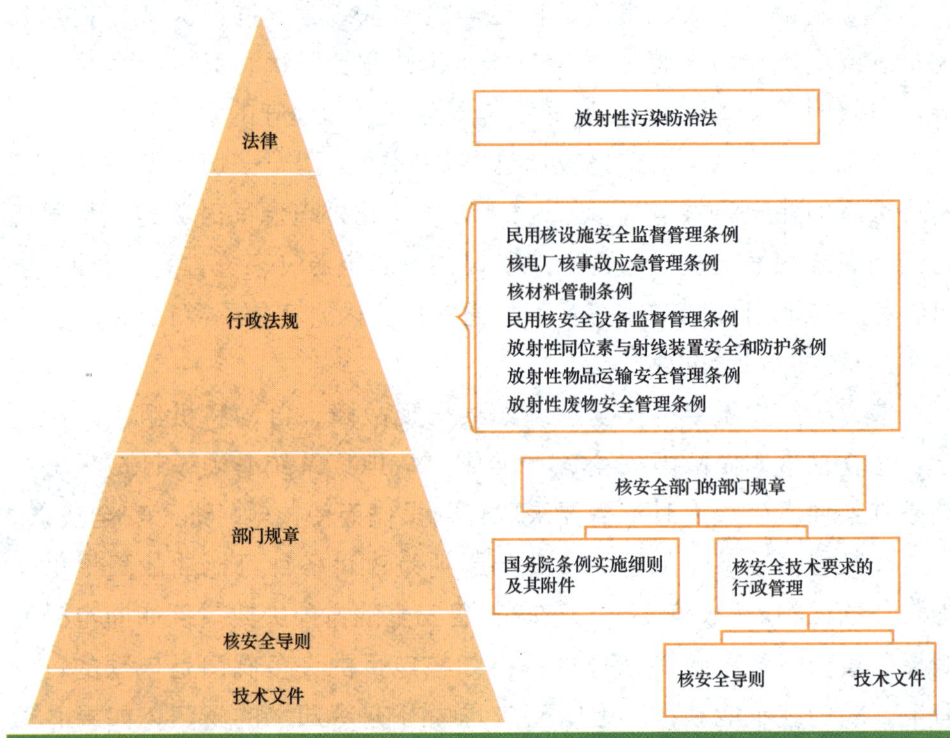

图 45 我国核安全法规和制度体系

为了在核电厂的建造和营运中保证安全，保障工作人员和公众的健康，国务院于 1986 年 10 月 29 日发布了《中华人民共和国民用核设施安全监督管理条例》。条例规定国家核安全局对全国核设施安全实施统一监督，独立行使核安全监督权，国家核安全局在核设施集中的地区可以设立派出机构，实施安全监督。

针对核电厂，国家核安全局在选址、设计、建造、运行和退役等各阶段实施独立的核安全监管，包括了技术审评、行政许可、监督检查等环节。国家核安全局在全国设立了六个地区核与辐射安全监督站，向各核电厂派驻现场监督人员，对核电厂的活动进行全方位的现场监督。

核电厂在建造前，必须经审核批准获得《核设施建造许可证》后，方可动工建造；运行前，必须经审核批准获得允许装料（或投料）、调试的批准文件后，方可开始装载核燃料（或投料）进行启动调试工作；在获得《核设施运行许可证》后，方可正式运行。

(2) 良好的核安全文化

由于三哩岛和切尔诺贝利核事故的教训，促使人们认识到无论如何先进的系统（严格审批、纵深防御、多道实体屏障和多安全系统），一旦人犯了直接或间接错误，都可能会引起某些设备失效，从而引发严重的核事故。同时，人的才智在查出和消除潜在的问题方面是十分有效的，这一点对安全有着积极的影响。安全文化的提出为解决人因问题提供了一条可能的途径。

核安全文化是“一个组织的价值观和行为准则，由组织领导者构建并由组织成员将其内在化，使得核安全能够压倒一切”。我们最终期待的结果是确保核安全得到了压倒一切的重视，高于进度，高于成本，这样便可以最大可能的消除“人”的不确定因素。当核电厂中的每一个人，都将实现安全目标作为自己的首要职责，而最终也确实实现了这个目标，那么，这个行业就是安全的，核电厂就是安全的。

(3) 核电厂实行严格的质量保证

核电质量保证体系是确保核安全的一道重要屏障，核电厂从选址、设计、建造到调试、运行和退役，每个阶段都有严密的质量保证大纲，每一个阶段的每项具体活动都有专门的质量保证程序。核电厂还实行内部和外部的监查制度，监督检查质量保证大纲与程序的实施情况及是否起到应有的作用。核电厂对工作人员的选聘、培训、考核和任用也十分严格，并且实行持证上岗制度。

(4) 核电厂的实体保卫

核电厂安全保卫工作的主要任务是：保障核材料的合法使用，防止丢失或被窃；保卫核设施，防止人为的破坏；阻止恐怖活动和非法入侵。

核电厂的安全保卫工作采取技术防范与管理措施防范相结合的方式。

技术防范措施体现在核电厂安全保卫的分区管理、周界控制以及出入口管理等方面。核电厂区域按重要程度被划分为四个不同等级的保卫区域（非监视区、控制区、保护区和要害区）并对其设置相应的周界控制和出入口管理措施。各个区域均设置了相应的实体保护屏障，保护区和要害区的周界更是设置了严密的探测网，通过视频监视网络、微波探测器、多普勒红外探测系统以及张力探测系统等多种高可靠性的高科技探测手段，可以及时有效探明并识别非法入侵活动并发出报警。

核电厂的管理防范措施主要体现在保卫的纵深防御、携物检查以及出入证件管理等方面。核电厂有严格的物品和人员出入管理制度，在厂区周界和各个出入口通过采用不同类型的入侵探测、出入口控制以及监视设备，实现了出入通行的自动控制和通行实时监控功能，形成了对人员、车辆和货物进出的有效控制管理。

此外，核电厂还有完善的安全保卫政策、程序体系和快速有效的突发事件处置和应急机制。在现场应急和突发事件处置指挥部的指挥下，常驻电厂的武警部队、公安民警、保卫干部和治安队伍，形成统一的特勤力量，按预先编制的反恐预案和突发事件处置流程快速响应，确保核电厂安全保卫的有效性。

2.3.2 核电厂操纵员

核电厂操纵员就是负责核电厂核反应堆及发电厂等系统日常运行的技术人员。他们在主控室里随时监控反应堆的运行状况，要对核电厂运行中遇到的各种状况有良好的应对能力，确保反应堆和发电机组等设备安全稳定运行。

操纵员对于核电厂安全运行非常重要。历史上的事故大部分是不当操作导致的。一台百万千瓦的核电厂投资超过 100 亿元人民币，一旦停机或者发生故障带来的损失就是上千万，所以操纵人员的培养至关重要，人才的选拔培养慎之又慎。培养一个核电操纵员的费用，比培养飞行员花费还要高。我国最早的一批核电厂操纵员主要是在法国进行培训，每人所花的费用大约相当于一般人体重的黄金重量，所以他们又被习惯地称为核电“黄金人”。

现在，随着核电技术逐渐实现国产化，操纵人员可以在国内接受培训，费用降低，但每人仍然花费上百万。

操纵员选拔是对一个人综合素质的考量。不仅要求具备理工科本科以上学历，同时对学习成绩、身体素质、心理素质都有严格要求；培训时间长，一般都需要几年以上时间；学习强度大，相当于同时在读几个本科专业，并要求具备实践能力。在高级操纵员培训过程中，学员须完成100多门课程的学习，并且通过核电行业主管部门组织的现场考试、模拟机考试、笔试、口试。高级操纵员在正式上岗前还需要3 000个小时的实践操作，包括在常规电厂、核电厂调试阶段操控，以及在其他核电厂的主控室随操纵员进行的“影子培训”。

同时，国家对操纵员执照的管理非常严格。按照规定，操纵员离开岗位6个月，执照自动失效。即使持续在岗，每年也必须要有两周的模拟机培训，且每两年要重新进行执照考核。

2.3.3 核电厂的事故防护

1. 核电厂纵深防御之五道防线

纵深防御概念应用于核电厂与安全有关的全部活动，包括与组织、人员行为或设计有关的方面，以保证这些活动均置于重叠措施的防御之下，用以防止事故并在未能防止事故时保证提供适当的保护。即使有一种故障发生，可以由适当的措施探测、补偿或纠正。

如图46所示。

第一道防线：保证设计、制造、建造、运行等质量，预防偏离正常运行。

第二道防线：严格执行运行规程，遵守运行技术规范，使机组运行在设计限定的安全区间以内，及时检测和纠正偏差，对非正常运行加以控制，防止它们演变为事故。

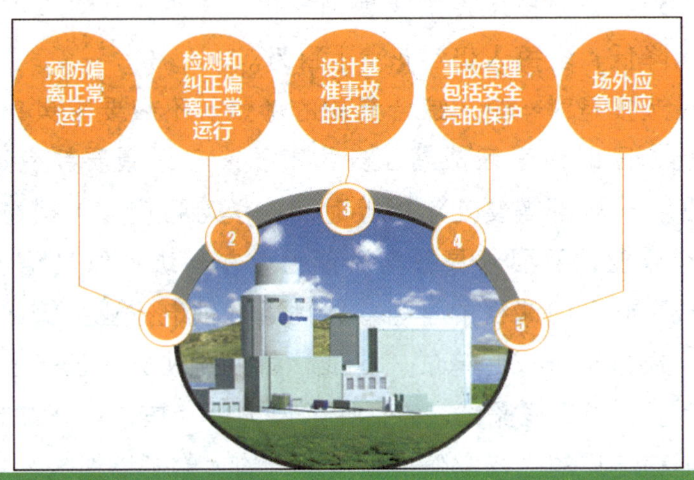

图 46　核电厂纵深防御之五道防线

第三道防线：万一偏差未能及时纠正，发生设计基准事故时，自动启用电厂安全系统和保护系统，组织应急运行，防止事故恶化。

第四道防线：万一事故未能得到有效控制，启动事故处理规程，实施事故管理策略，保证安全壳不被破坏，防止放射性物质外泄。

第五道防线：即使在极端情况下，以上各道防线均告失效，进行场外应急响应，努力减轻事故对公众和环境的影响。

2. 核电厂纵深防御之四道屏障

为保障公众和环境不受放射性物质的伤害和污染，防止和减少放射性物质向环境释放，压水堆核电厂设置了四道屏障，只要其中有一道屏障是完整的，就不会发生放射性物质外泄的事故。

如图 47 所示。

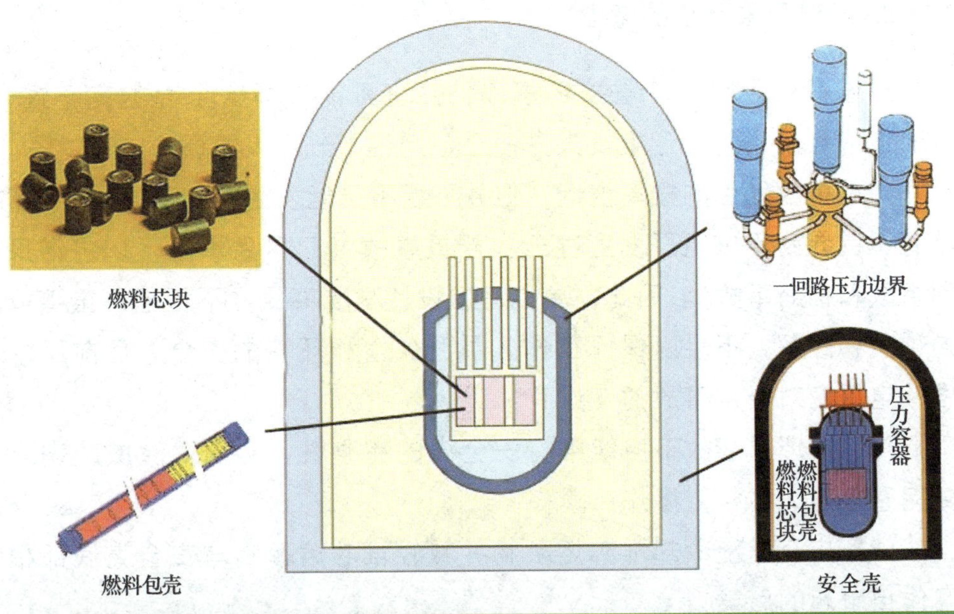

图 47　核电厂纵深防御之四道屏障

第一道屏障为燃料芯块。核裂变产生的放射性物质 98%以上滞留在二氧化铀陶瓷芯块中，不会释放出来。

第二道屏障为燃料包壳。燃料芯块密封在锆合金包壳内，防止燃料裂变产物和放射物质进入一回路水中，这是完全密闭的，即使产生的气体也密闭在这里，这里面留有一定的空间，而且锆管的燃料棒可以承受一定的压力，最大数量的密闭气体释放也不足以使它开裂。

第三道屏障为压力容器和一回路压力边界。由核燃料构成的堆芯封闭在钢质压力容器内，压力容器和整个一回路都是耐高压的，放射性物质不会泄漏到反应堆厂房中。

第四道屏障为安全壳，就是混凝土的结构。安全壳是高 30 多米、直径 40 多米的预应力钢筋混凝土构筑物，壁厚近 1 m，内表面还有 6 mm厚的钢衬。它可以承受 0.5 MPa（5 个大气压）的压力，确保在所有事故情况下都可以把放射性物质包容在里面。

3. 应对严重事故的考虑

严重事故即堆芯严重损坏事故，并有可能破坏安全壳的完整性，从而造成环境放射性污染及人身伤亡，产生十分巨大的损失。

严重事故发生的概率很低，但并不是不可能发生的。截至 2015 年年底，世界商用核电厂发生过三次严重事故（三哩岛事故、切尔诺贝利事故和福岛事故）。因此，单纯考虑设计基准事故，不考虑严重事故的预防和缓解，不足以保证工作人员、公众和环境的安全。目前压水堆核电厂应对严重事故的考虑有：

（1）在严重事故下应能维持安全壳的完整性，必须消除威胁安全壳完整性的大体积氢爆炸风险；

（2）应有措施冷却堆芯熔融物并减轻堆芯熔融物与安全壳底部相互作用引起的后果；

（3）在严重事故下，应有长期可靠的手段排出安全壳内的热量；

（4）在严重事故下，应有足够的能力控制放射性物质的泄漏。

2.4 核安全政策法规

2.4.1 政策

中国不断完善核安全政策法律法规体系。《中华人民共和国国民经济和社会发展第十三个五年规划纲要》指出，以沿海核电带为重点，安全建设自主核电示范工程和项目。2012 年发布的《核电安全规划（2011—2020 年）》和《核电中长期发展规划（2011—2020 年）》。上述规划指出，我国的核电发展指导思想和方针是：统一技术路线，注重安全性和经济性，坚持以我为主，中外合作，通过引进国外先进技术，进行消化、吸收和再创新，实现核电厂工程设计、设备制造和工程建设与运营管理的自主化，形成批量建设中国自主品牌大型先进压水堆核电厂的综合能力。

2012 年，国家发展改革委、财政部、国家能源局和国防科技工业局联合批准发布了《核安全与放射性污染防治“十二五”规划及 2020 年远景目标》。该规划结合全国核设施综合安全检查和日常持续开展的安全评价结果，深入分析当前核安全工作中存在的薄弱环节，以确保核安全、环境安全、公众健康为目标，坚持“安全第一、质量第一”的根本方针，遵循“预防为主、纵深防御；新老并重、防治结合；依靠科技、持续改进；坚持法治、严格监管；公开透明、协调发展”的基本原则，统筹规划了 9 项重点任务、5 项重点工程、8 项保障措施，力争至“十二五”末我国核能与核技术利用安全水平进一步提高，辐射环境安全风险明显降低；到 2020 年，核电安全保持国际先进水平，核安全与放射性污染防治水平全面提升，辐射环境质量保持良好，为保障我国核能与核技术利用事业安全、健康、可持续发展提供坚实有力的支撑。

《国家核应急预案》是中央政府应对处置核事故预先制定的工作方案。《国家核应急预案》对核应急准备与响应的组织体系、核应急指挥与协调机制、核事故应急响应分级、核事故后恢复行动、应急准备与保障措施等作了全面规定。按照《国家核应急预案》要求，各级政府部门和核设施营运单位制定核应急预案，形成相互配套衔接的全国核应急预案体系。

2002 年，为适应我国当前核电发展的需要，使新建核电厂的安全水平与国际水平基本接轨，国家核安全局制订出《新建核电厂设计中几个重要安全问题的技术政策》。2014 年，为进一步指导和规范民用核安全设备调配活动，加强对民用核安全设备调配活动的监督管理，我局组织编制了《民用核安全设备调配管理要求（试行）》。

2010 年，为推动概率安全分析在我国核安全领域中的应用，提高核电厂安全水平和核安全监管效率，国家核安全局发布了《概率安全分析技术在核安全领域中的应用》（试行）。2012 年，为汲取日本福岛核事故的经验和教训，进一步提高我国核电厂的安全水平，国家核安全局编制了《福岛核事故后核电厂改进行动通用技术要求（试行）》。2014 年，为贯彻落实中国核安全观和国家安全战略，倡导和推动核安全文化的培育和发展，促进国家核安全水平的整体提升，保障核能与核技术利用事业安全、健康、可持续发展，在全面总结中国三十年核安全文化建设良好实践和经验的基础上，国家核安全局会同国家能源局、国家国防科技工业局编制完成了《核安全文化政策声明》。

2.4.2 法律法规

中国现有核安全法律 1 项（《中华人民共和国放射性污染防治法》），行政法规 7 项，部门规章和导则等 100 余项。其中，行政法规分别是《中华人民共和国民用核设施安全监督管理条例》《核电厂核事故应急管理条例》《放射性废物安全管理条例》《中华人民共和国核材料管制条例》《民用核安全设备监督管理条例》《放射性物品运输安全管理条例》《放射性同位素与射线装置安全和防护条例》。部门规章和导则主要包括核设施许可制度、核材料许可制度、放射性同位素与射线装置许可制度、核出口管制许可制度、环境评价与监测制度、人员资质管理制度等。

在此基础上，作为核原子能领域的基本大法，《原子能法》已于 2014 年年底上报国务院。《核安全法》于 2013 年进入全国人大立法规划，于 2016 年送交全国人大讨论。中国正在加紧制定《核安保条例》，已完成草案编制并上报国务院。此外，中国还有近 60 项部门规章、导则和技术文件进入审查程序，100 余项法规纳入编制计划，将对涉核安全作出更全面、更系统的规范。

中国基本形成国家法律、行政法规、部门规章、国家和行业标准、管理导则于一体的核应急法律法规标准体系。早在 1993 年 8 月就颁布实施《核电厂核事故应急管理条例》。进入 21 世纪以来，又先后颁布实施《中华人民共和国放射性污染防治法》《中华人民共和国突发事件应对法》，从法律层面对核应急作出规定和要求。2015 年 7 月，新修订的《中华人民共和国国家安全法》开始实施，进一步强调加强核事故应急体系和应急能力建设，防止、控制和消除核事故对公众生命健康和生态环境的危害。与这些法律法规相配套，政府相关部门制定相应的部门规章和管理导则，相关机构和涉核行业制定技术标准。军队制定参加核电厂核事故应急救援条例等相关法规和规章制度。

第三章 核事件案例点评

3.1 核事件分级与应对策略

3.1.1 核事件分级

IAEA 联合经济合作与发展组织核能局（Organization for Economic Co-operation and Development /Nuclear Energy Agency，OECD/NEA）在 1990 年开发了一个用于快速通报核电厂事件严重程度的等级表，即国际核事件分级表（International Nuclear Event Scale，INES），并于 1991 年上线测试、1992 年正式运行。该分级表通过对核事件进行适当的分析，能够便于核能界与公众和新闻界之间更好的沟通与理解。如表 14 所示。

表 14 国际核事件分级表

事件级别	影响区域			实 例
	厂外影响	厂内影响	对纵深防御的影响	
7 特大事故	大量的放射性释放：广泛的健康和环境效应	—	—	切尔诺贝利核事故（乌克兰，1986 年） 福岛核事故（日本，2011 年）
6 重大事故	明显的放射性释放：可能要求全面实施应急计划	—	—	克什特姆核燃料处理厂事故（俄罗斯，1957 年）

续 表

事件级别	影响区域			实 例
	厂外影响	厂内影响	对纵深防御的影响	
5 影响范围较大的事故	有限的放射性释放：可能要求部分实施应急计划	反应堆堆芯/放射性屏障严重损坏	—	温茨凯尔核事故（英国，1957 年） 三哩岛核事故（美国，1979 年）
4 影响范围有限的事故	少量的放射性释放：公众受到的辐射照射相当于规定的限值	反应堆堆芯/放射性屏障明显损坏/工作人员受到致命照射	—	东海村核燃料转化厂临界事故（日本，1999 年）
3 重大事件	极少量的放射性释放：公众受到的辐射照射为规定限值的一部分	污染严重扩散/工作人员出现急性健康效应	接近事故，安全屏障丧失	
2 一般事件	—	污染大量扩散/工作人员受到过量照射	安全措施明显失效的事件	
1 异常	—	—	偏离正常的操作范围	
0 偏离	安全上无重要意义			

3.1.2 应对策略

1. 事故预防

中国参照国际先进标准，汲取国际成熟经验，结合国情和核能发展实际，制定了控制、缓解、应对核事故的工作措施。

实施纵深防御。设置五道防线，前移核应急关口，多重屏障强化核电安全，防止事故或减轻事故后果。一是保证设计、制造、建造、运行等质量，预防偏离正常运行。二是严格执行运行规程，遵守运行技术规范，使机组运行在限定的安全区间以内，及时检测和纠正偏差，对非正常运行加以控制，防止演变为事故。三是如果偏差未能及时纠正，发生设计基准事故时，自动启用电厂安全系统和保护系统，组织应急运行，防止事故恶化。四是如果事故未能得到有效控制，启动事故处理规程，实施事故管理策略，保证安全壳不被破坏，防止放射性物质外泄。五是在极端情况下，如果以上各道防线均告失效，立即进行场外应急响应行动，努力减轻事故对公众和环境的影响。同时，设置多道实体屏障，确保层层设防，防止和控制放射性物质释入环境。

2. 事故响应

核事故发生后，各级核应急组织根据事故的性质和严重程度，实施以下全部或部分响应行动。

(1) 响应行动

1) 事故缓解和控制

迅速组织专业力量、装备和物资等开展工程抢险，缓解并控制事故，使核设施恢复到安全状态，最大程度防止、减少放射性物质向环境释放。

2) 辐射监测和后果评价

开展事故现场和周边环境（包括空中、陆地、水体、大气、农作物、食品和饮水等）放射性监测，以及应急工作人员和公众受照剂量的监测等。实时开展气象、水文、地质、地震等观（监）测预报；开展事故工况诊断和释放源项分析，研判事故发展趋势，评价辐射后果，判定受影响区域范围，为应急决策提供技术支持。

3）人员放射性照射防护

当事故已经或可能导致碘放射性同位素释放时，按照辐射防护原则及管理程序，及时组织有关工作人员和公众服用稳定碘，减少甲状腺的受照剂量。根据公众可能接受的辐射剂量和保护公众的需要，组织放射性烟羽区有关人员隐蔽；组织受影响地区居民向安全地区撤离。根据受污染地区实际情况，组织居民从受污染地区临时迁出或永久迁出，异地安置，避免或减少地面放射性沉积物的长期照射。

4）去污洗消和医疗救治

消除或降低人员、设备、场所、环境等的放射性污染；组织对辐射损伤人员和非辐射损伤人员实施医学诊断及救治，包括现场救治、地方救治和专科救治。

5）出入通道和口岸控制

根据受事故影响区域具体情况，划定警戒区，设定出入通道，严格控制各类人员、车辆、设备和物资出入。对出入境人员、交通工具、集装箱、货物、行李物品、邮包快件等实施放射性污染检测与控制。

6）市场监管和调控

针对受事故影响地区市场供应及公众心理状况，及时进行重要生活必需品的市场监管和调控。禁止或限制受污染食品和饮水的生产、加工、流通和食用，避免或减少放射性物质摄入。

7）维护社会治安

严厉打击借机传播谣言制造恐慌等违法犯罪行为；在群众安置点、抢险救援物资存放点等重点地区，增设临时警务站，加强治安巡逻；强化核事故现场等重要场所警戒保卫，根据需要做好周边地区交通管制等工作。

8）信息报告和发布

按照核事故应急报告制度的有关规定，核设施营运单位及时向国家核应急办、省核应急办、核电主管部门、核安全监管部门、所属集团公司（院）报告、通报有关核事故及核应急响应情况；接到事故报告后，国家核应急协调委、核事故发生地省级人民政府要及时、持续向国务院报告有关情况。第一时间发布准确、权威信息。核事故信息发布办法由国家核应急协调委另行制订，报国务院批准后实施。

9）国际通报和援助

国家核应急协调委统筹协调核应急国际通报与国际援助工作。按照《及早通报核事故公约》的要求，当核事故造成或可能造成超越国界的辐射影响时，国家核应急协调委通过核应急国家联络点向国际原子能机构通报。向有关国家和地区的通报工作，由外交部按照双边或多边核应急合作协议办理。

必要时，国家核应急协调委提出请求国际援助的建议，报请国务院批准后，由国家原子能机构会同外交部按照《核事故或辐射紧急情况援助公约》的有关规定办理。

（2）指挥和协调

根据核事故性质、严重程度及辐射后果影响范围，核设施核事故应急状态分为应急待命、厂房应急、场区应急、场外应急（总体应急），分别对应Ⅳ级响应（对应表14内的0级、1级和2级事件）、Ⅲ级响应（对应表14内的3级事件）、Ⅱ级响应（对应表14内的4级事件）、Ⅰ级响应（对应表14内的5级、6级和7级事件）。

1）Ⅳ级响应

启动条件：当出现可能危及核设施安全运行的工况或事件，核设施进入应急待命状态，启动Ⅳ级响应。

应急处置：核设施营运单位进入戒备状态，采取预防或缓解措施，使核设施保持或恢复到安全状态，并及时向国家核应急办、省核应急办、核电主管部门、核安全监管部门、所属集团公司（院）提出相关建议；对事故的性质及后果进行评价。省核应急组织密切关注事态发展，保持核应急通信渠道畅通；做好公众沟通工作，视情组织本省部分核应急专业力量进入待命状态。国家核应急办研究决定启动Ⅳ级响应，加强与相关省核应急组织和核设施营运单位及其所属集团公司（院）的联络沟通，密切关注事态发展，及时向国家核应急协调委成员单位通报情况。各成员单位做好相关应急准备。

核设施营运单位组织评估，确认核设施已处于安全状态后，提出终止应急响应建议报国家和省核应急办，国家核应急办研究决定终止Ⅳ级响应。

2）Ⅲ级响应

启动条件：当核设施出现或可能出现放射性物质释放，事故后果影响范围仅限于核设施场区局部区域，核设施进入厂房应急状态，启动Ⅲ级响应。

应急处置：在Ⅳ级响应的基础上，加强以下应急措施：

核设施营运单位采取控制事故措施，开展应急辐射监测和气象观测，采取保护工作人员的辐射防护措施；加强信息报告工作，及时提出相关建议；做好公众沟通工作。省核应急委组织相关成员单位、专家组会商，研究核应急工作措施；视情组织本省核应急专业力量开展辐射监测和气象观测。国家核应急协调委研究决定启动Ⅲ级响应，组织国家核应急协调委有关成员单位及专家委员会开展趋势研判、公众沟通等工作；协调、指导地方和核设施营运单位做好核应急有关工作。

核设施营运单位组织评估，确认核设施已处于安全状态后，提出终止应急响应建议报国家核应急协调委和省核应急委，国家核应急协调委研究决定终止Ⅲ级响应。

3）Ⅱ级响应

启动条件：当核设施出现或可能出现放射性物质释放，事故后果影响扩大到整个场址区域（场内），但尚未对场址区域外公众和环境造成严重影响，核设施进入场区应急状态，启动Ⅱ级响应。

应急处置：在Ⅲ级响应的基础上，加强以下应急措施：

核设施营运单位组织开展工程抢险；撤离非应急人员，控制应急人员辐射照射；进行污染区标识或场区警戒，对出入场区人员、车辆等进行污染监测；做好与外部救援力量的协同准备。省核应急委组织实施气象观测预报、辐射监测，组织专家分析研判趋势；及时发布通告，视情采取交通管制、控制出入通道、心理援助等措施；根据信息发布办法的有关规定，做好信息发布工作，协调调配本行政区域核应急资源给予核设施营运单位必要的支援，做好医疗救治准备等工作。国家核应急协调委研究决定启动Ⅱ级响应，组织国家核应急协调委相关成员单位、专家委员会会商，开展综合研判；按照有关规定组织权威信息发布，稳定社会秩序；根据有关省级人民政府、省核应急委或核设施营运单位的请求，为事故缓解和救援行动提供必要的支持；视情组织国家核应急力量指导开展辐射监测、气象观测预报、医疗救治等工作。

核设施营运单位组织评估，确认核设施已处于安全状态后，提出终止应急响应建议报国家核应急协调委和省核应急委，国家核应急协调委研究决定终止Ⅱ级响应。

4）Ⅰ级响应

启动条件：当核设施出现或可能出现向环境释放大量放射性物质，事故后果超越场区边界，可能严重危及公众健康和环境安全，进入场外应急状态，启动Ⅰ级响应。

应急处置：核设施营运单位组织工程抢险，缓解、控制事故，开展事故工况诊断、应急辐射监测；采取保护场内工作人员的防护措施，撤离非应急人员，控制应急人员辐射照射，对受伤或受照人员进行医疗救治；标识污染区，实施场区警戒，对出入场区人员、车辆等进行放射性污染监测；及时提出公众防护行动建议；对事故的性质及后果进行评价；协同外部救援力量做好抢险救援等工作；配合国家核应急协调委和省核应急委做好公众沟通和信息发布等工作。省核应急委组织实施场外应急辐射监测、气象观测预报，组织专家进行趋势分析研判，协调、调配本行政区域内核应急资源，向核设施营运单位提供必要的交通、电力、水源、通信等保障条件支援；及时发布通告，视情采取交通管制、发放稳定碘、控制出入通道、控制食品和饮水、医疗救治、心理援助、去污洗消等措施，适时组织实施受影响区域公众的隐蔽、撤离、临时避迁、永久再定居；根据信息发布办法的有关规定，做好信息发布工作，组织开展公众沟通等工作；及时向事故后果影响或可能影响的邻近省（自治区、直辖市）通报事故情况，提出相应建议。国家核应急协调委向国务院提出启动Ⅰ级响应建议，国务院决定启动Ⅰ级响应。国家核应急协调委组织协调核应急处置工作。必要时，国务院成立国家核事故应急指挥部，统一领导、组织、协调全国核应急处置工作。国家核事故应急指挥部根据工作需要设立事故抢险、辐射监测、医学救援、放射性污染物处置、群众生活保障、信息发布和宣传报道、涉外事务、社会稳定、综合协调等工作组。

国家核事故应急指挥部或国家核应急协调委对以下任务进行部署，并组织协调有关地区和部门实施：

①组织国家核应急协调委相关成员单位、专家委员会会商，开展事故工况诊断、释放源项分析、辐射后果预测评价等，科学研判趋势，决定核应急对策措施。

②派遣国家核应急专业救援队伍，调配专业核应急装备参与事故抢险工作，抑制或缓解事故、防止或控制放射性污染等。

③组织协调国家和地方辐射监测力量对已经或可能受核辐射影响区域的环境（包括空中、陆地、水体、大气、农作物、食品和饮水等）进行放射性监测。

④组织协调国家和地方医疗卫生力量和资源，指导和支援受影响地区开展辐射损伤人员医疗救治、心理援助，以及去污洗消、污染物处置等工作。

⑤统一组织核应急信息发布。

⑥跟踪重要生活必需品的市场供求信息，开展市场监管和调控。

⑦组织实施农产品出口管制，对出境人员、交通工具、集装箱、货物、行李物品、邮包快件等进行放射性沾污检测与控制。

⑧按照有关规定和国际公约的要求，做好向国际原子能机构、有关国家和地区的国际通报工作；根据需要提出国际援助请求。

当核事故已得到有效控制，放射性物质的释放已经停止或者已经控制到可接受的水平，核设施基本恢复到安全状态，由国家核应急协调委提出终止Ⅰ级响应建议，报国务院批准。视情成立的国家核事故应急指挥部在应急响应终止后自动撤销。

(3) 核设施核事故后恢复行动

应急响应终止后，省级人民政府及其有关部门、核设施营运单位等立即按照职责分工组织开展恢复行动。

1）场内恢复行动

核设施营运单位负责场内恢复行动，并制订核设施恢复规划方案，按有关规定报上级有关部门审批，报国家核应急协调委和省核应急委备案。国家核应急协调委、省核应急委、有关集团公司（院）视情对场内恢复行动提供必要的指导和支持。

2）场外恢复行动

省核应急委负责场外恢复行动，并制订场外恢复规划方案，经国家核应急协调委核准后报国务院批准。场外恢复行动主要任务包括：全面开展环境放射性水平调查和评价，进行综合性恢复整治；解除紧急防护行动措施，尽快恢复受影响地区生产生活等社会秩序，进一步做好转移居民的安置工作；对工作人员和公众进行剂量评估，开展科普宣传，提供咨询和心理援助等。

3.2 国外典型事故工况与案例点评

自人类成功利用核能发电以来，在长达 60 余年的核电发展进程中，核电总体是安全可靠的。但是，由于设计缺陷和操作不当等问题，先后发生了多起具有重大影响的核事故和一些影响相对有限的核事件。总体上看，破坏和影响较小的核事件数量远大于破坏和影响极大的核事故。为了使人们更为清晰的了解核事故，我们梳理了最为引人瞩目的三哩岛核电厂事故、切尔诺贝利核电厂事故和福岛核事故，尝试对这些核事故进行梳理和分析，试图更全面地还原这 3 起核事故。

同时，为了使广大读者更全面地了解核事故/事件，我们还简要列举了几个典型的国外核事件，供读者更清晰了解核事件的分级。

3.2.1 美国三哩岛核电厂事故

1979 年 3 月 28 日的凌晨，美国三哩岛核电厂 2 号机组二回路上的汽轮机脱扣，此后的几分钟、几小时、几天里，由于设备故障、设计缺陷、操作失误、认知不当等，酿成了美国商用核电史上最严重的事故。如阿尔文·温伯格所言，三哩岛事故“终结了美国的第一核纪元”，成为美国核电发展史上的一个分水岭，极大打击了公众对核电安全的信心，也彻底改变了政府对核电的态度，在各种因素作用下，美国核电建设全面停滞，前后共有 100 多台核电机组订单被取消，此后陷入长期的低迷期。

三哩岛事故彻底改变了核工业和监管部门对反应堆安全的认识和态度，堆芯熔化事故不再只是假想事故，而是需要面对的真实场景。经过这一事故，美国核工业界和 NRC 以此为契机进行了重大而深刻的机构重组与变革，实施了庞大的三哩岛行动计划，开展了大量的严重事故研究，从而极大地提高了在运和在建核电厂的安全水平。三哩岛核事故进程中的关键六步如图 48 所示。

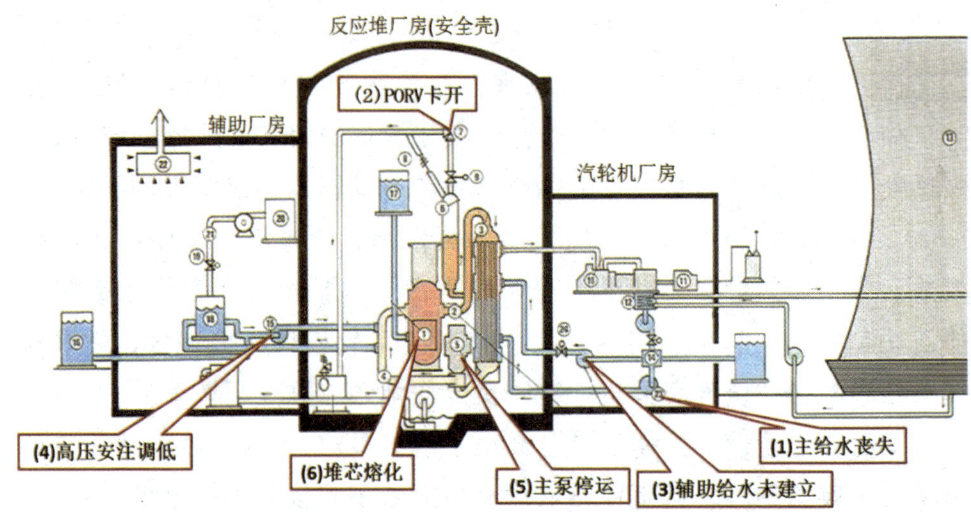

图 48　三哩岛核事故进程中的关键六步

1. 小破口酿成大事故

1968 年，在宾夕法尼亚州首府哈里斯堡东南边约 10 英里毗邻萨斯奎哈纳河的三哩岛（Three Mile Island，简称 TMI）上，美国公用事业总公司（General Public Utilities Corporation）投资兴建了一座核电厂，包括 2 台巴布科克·威尔科克斯（Babcock & Wilcox）公司设计的压水堆（PWR）核电机组，名义电功率分别为 792 MW 和 880 MW，并于 1974 年 9 月和 1978 年 12 月相继投入商业运行，由其子公司大都会爱迪生公司（Metropolitan Edison Company）负责运行管理。核电厂中的很多工作人员之前均参与过里科弗的海军核潜艇项目，相比其他核电厂操纵员，他们对反应堆运行更熟悉。正式投运 3 个月，尽管 2 号机组出现过一些故障，但都是小问题。1979 年3 月28 日凌晨二回路上出现的一个小故障，加上后续一连串的操作失误和设备故障，导致了堆芯熔化的大事故。事故两周后，美国总统决定成立一个12人的调查委员会，对事故进行全面调查，并在当年10月30日发布了调查报告。报告中详细叙述了整个事故经过。

(1) 主给水丧失

大约在事故前的11个小时，2号机组运行值班长一直在现场监督7号除盐器的维修工作，把除盐器中失效的离子交换树脂传送至树脂再生箱。他们把空气和水灌进一条树脂传送管路，以冲碎阻塞管路的树脂结块。然而，由于一个逆止阀的卡开故障，使得水漏进控制除盐器前后阀门的气动系统。该问题导致除盐器上所有的隔离阀全部关闭，接着导致在运的两台冷凝器泵中的一台和两台冷凝器增压泵脱扣——三哩岛核事故由此引发，时间为28日4:00:36。

大概在冷凝器泵脱扣后1秒钟，给水泵和汽轮机脱扣——事故分析中一般以此作为事故的零起点，本文后续的事故序列描述也以此时间点为基准。反应堆继续在运行，二回路给水丧失降低了反应堆冷却剂系统的热量导出率，一回路冷却水温上升，体积随之膨胀，导致冷却剂压力和稳压器水位快速升高。大约在汽轮机脱扣3秒后，反应堆冷却剂压力超过了安装于稳压器上部的先导式释放阀（Pilot-Operated Relief Valve，PORV）设定的起跳值（15.5 MPa），PORV自动开启，一回路的水和蒸汽经由一条泄压管线释放到位于安全壳内的疏水箱里。但这还不足以降压，冷却剂压力继续升高。在事故开始后8秒左右，反应堆保护系统由于冷却剂压力高信号而触发紧急停堆，控制棒快速插入堆芯，核裂变链式反应随之停止——至此，核电厂正如设计要求的那样响应正常。

(2) 释放阀卡开

当PORV开启和反应堆紧急停堆后，一回路压力下降，大约在13秒当压力降至15.21 MPa时，第一个问题出现了：PORV本应在此时关闭，但它由于机械故障卡住无法回座。由于PORV持续开启，蒸汽继续流失，冷却剂压力继续快速下降，一个小破口 LOCA 场景出现了。更严重的是，在此过程中，主控室控制面板上的一个显示“要求 PORV 开”（而非阀门实际状态）的指示灯熄灭，被操纵员错误地认为 PORV 已关闭，且未注意其他的仪表，致使在 PORV 卡开状态下一回路冷却剂持续流失达 2 小时 22 分之久。由此，在事故的最初 100 分钟内，超过反应堆冷却剂系统总装量 1/3 的蒸汽和水通过 PORV 流失——正是这个操纵员未发现的小破口 LOCA，引发了后面的堆芯熔化事故。

（3）辅助给水未建立

在反应堆紧急停堆后 1 秒钟以内，裂变产生的热量接近于零，但衰变的放射性物质仍然会继续加热冷却剂，虽然这部分热量仅占正常运行时的 6% 左右，却仍然是巨大的，必须带走以免堆芯过热。在主给水泵脱扣 1 秒以内，3 台辅助给水泵自动启动，并在 14 秒左右达到正常的出口压力。此时，第二个问题出现了：由于两天前的检修活动，辅助给水管线上的电动隔离阀没有复位，加之主控室控制面板上的隔离阀状态指示灯又被一个设备停役标牌遮盖，操纵员未能及时发现隔离阀处于关闭状态，致使辅助给水无法抵达蒸汽发生器，直到 8 分钟后操纵员打开隔离阀才建立辅助给水流量。

（4）高压安注流量被调低

随着 PORV 卡开和热量被蒸汽发生器带走，反应堆冷却剂系统压力和温度下降，稳压器水位也下降了。在事故开始 41 秒时，操纵员开启一台补水泵给系统补水，大约 1 分钟时稳压器水位又开始上升了。1 分45 秒左右，由于辅助给水流量未建立，蒸汽发生器被烧干了；冷却剂重新被加热、膨胀，导致稳压器水位进一步上升。

事故后 2 分钟，由于 PORV 的持续卡开，反应堆冷却剂系统压力急剧下降，应急堆芯冷却系统中的两台高压安注泵自动启动，将含硼水注入系统。然而，由于系统压力持续降低，使得冷却剂温度并没有下降而是保持不变。大约在高压安注泵投运 2 分 30 秒（即事故后 4 分 30 秒）时，第三个问题出现了：主控室操纵员从稳压器不断上升的水位，错误地判断高压安注过量，为避免造成“水密实”的冷却剂系统，操纵员关闭了一台高压安注泵，并调低了另一台高压安注泵的流量。至 5 分 30 秒时，反应堆冷却剂达到饱和点，气泡开始在系统中形成，并逐渐将堆芯里的水排挤至稳压器，使水位越来越高；这个现象继续提示操纵员系统中存有足够的水，而没有意识到水实际上已在堆芯内急剧地蒸发为蒸汽。由于系统排出的水多于补充的水，加之产生气泡，堆芯传热过程开始恶化，反应堆堆芯正走向裸露，危险即将来临。

（5）主泵被停运

大约在 4:11 时，主控室发出了安全壳地坑高水位的报警信号，清晰地表明反应堆冷却剂系统出现了泄漏或破裂。水和蒸汽混合在一起从 PORV 泄漏出来，流进疏水箱里，导致疏水箱压力上升；疏水箱释放阀间歇性开启，以 0.9 m^3/min 的流量将冷却剂排入安全壳地坑内。4:15，疏水箱释放阀排放能力不足，不能避免疏水箱内压力继续上升，以致在压力上升至 1.34 MPa 时疏水箱上的爆破盘破裂，使得更多的放射性水进入地坑，并从地坑通过泵被打到临近辅助厂房里的放射性废液贮存箱。在此过程中，安全壳内的温度和压力均快速升高，操纵员打开了安全壳冷却和通风系统。

清晨 5 点刚过，四台主泵开始剧烈振动。这种迹象表明反应堆中的水沸腾变成蒸汽，主泵入口出现汽水两相流，引起主泵汽蚀现象，汽蚀导致振动。5:14，第四个问题出现了：由于担心剧烈的振动会对主泵或冷却剂管路造成损坏，操纵员关掉了其中的两台主泵；27 分钟后，他们又关掉了剩余的两台。主泵的停运造成了先前建立的冷却剂强迫循环停止，而且使得系统中的蒸汽和水分离，又破坏了操纵员期待的自然循环冷却，堆芯裂变产物产生的余热已无任何导出途径了。

(6) 堆芯熔化

6:00 左右，反应堆内燃料棒的包壳因内部气压过高而穿孔，使得放射性气体逸入冷却水中；冷却水及蒸汽仍在流失，堆芯顶部裸露，高热使得燃料棒包壳材料锆合金与蒸汽反应而产生氢气，氢气在反应堆压力容器上部累积，还有一部分经由 PORV 流入疏水箱。13:50 左右，主控室仪表显示反应堆厂房产生一个压力脉冲，并听到重击声，正是由于安全壳内聚集的氢气燃爆的结果。

6:22 左右，主控室操纵员才意识到 PORV 一直处于开启状态，便立即关闭了其上游的电动隔离阀，冷却剂停止流失了，小破口 LOCA 得以终止，但堆芯已经发生了破损。随后，冷却剂压力开始升高，由于堆芯已裸露且无有效的冷却途径，堆芯损坏趋势继续恶化。在事故后 150～160 分钟，堆芯温度已足够高，堆芯发生熔化，部分熔化的堆芯材料流入堆芯底部。在整个堆芯损坏期间，操纵员完全不清楚堆芯的真实状况。

7:00 左右，营运单位启动了厂区应急，并在大约 24 分钟后升级为总体应急，应急控制中心就设在旁边的 1 号机组主控室内。7:20，安全壳厂房辐射剂量已高达 8 Sv/h，且监测仪表读数迅速升高并超量程。同时，操纵员启动高压注水泵，再次为堆芯注水，但只持续了 18 分钟——此时，260 ℃的水涌入 2 760 ℃的堆芯，致使堆芯燃料像玻璃一样破裂，堆芯发生坍塌；8:26，操纵员再次启动高压注水泵，直至 10:30 冷却剂才重新覆盖堆芯。但由于堆芯上部存有汽腔，自然循环冷却模式始终无法建立。担心反应堆冷却剂系统的压力太高，操纵员在 13:38 重新打开了稳压器上的截止阀，开始对反应堆降压，并大幅调低了高压安注流量。这样一来再度造成冷却水流失及堆芯裸露；降压操作一直持续到 15:08，期间堆芯裸露程度至今不明。

接下来的几个小时内，反应堆冷却剂系统只能通过高压安注和间歇开启稳压器释放阀及隔离阀的“充水-排水”模式得到冷却。至当晚

19:50 时，一台主泵恢复了运行，建立了一条堆芯强迫冷却循环通道，事故进程得以终止。4 月 27 日，几乎在事故发生整整一个月后，反应堆冷却剂系统内的自然冷却循环才最终建立。

2. 事故影响

三哩岛事故造成了严重的堆芯损坏，2 号机组反应堆堆芯中超过 47%的核燃料发生熔毁，约 20 t 的二氧化铀堆积在压力容器的底部（参见图 49）。幸运的是，在整个事故过程中，反应堆压力容器保持完整。

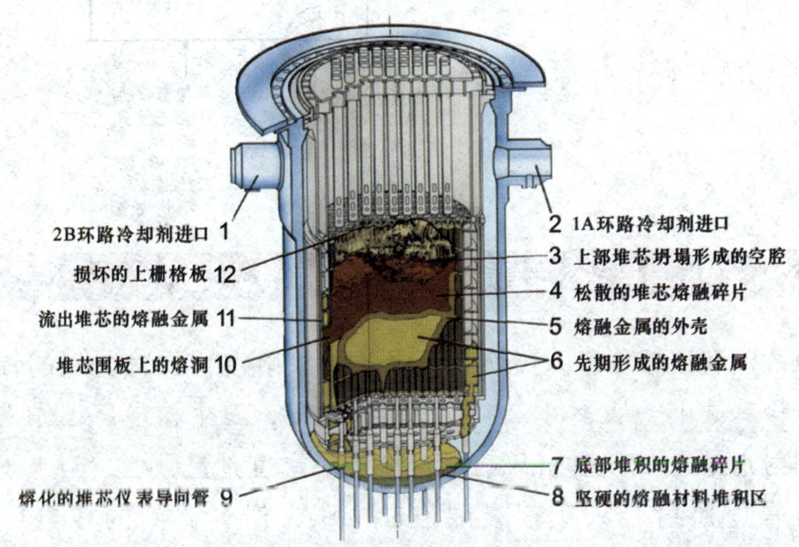

图 49 三哩岛 2 号机组堆芯最终状态

由于堆芯发生了熔化，大量放射性物质被释放至反应堆冷却剂系统，继而逃逸至反应堆厂房和辅助厂房；然而，得益于安全壳良好的屏蔽和密封作用，最终释放至周围环境中的放射性物质非常少，如图 50 所示。比如，事发当时反应堆中存有约 6 600 万 Ci 的碘-131，释放到环境中的量只有约 14～15 Ci；而逃逸至环境中的半衰期更长的放射性锶和铯的量就更少了，根本探测不出来。

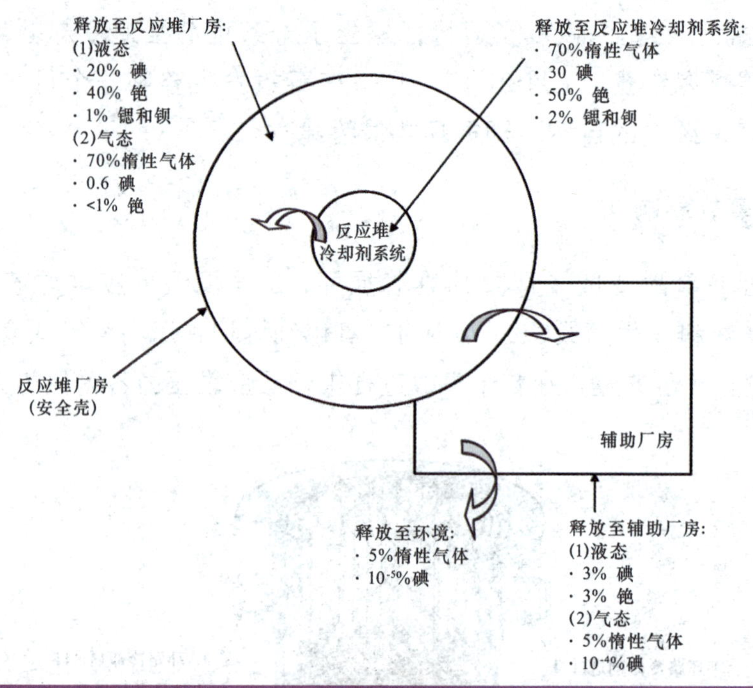

图 50　三哩岛事故放射性物质释放份额

事故没有造成任何人员伤亡，释放的放射性物质对公众的辐射健康影响极其微小。从 3 月 28 日至 6 月 30 日，三个核电厂工作人员接受的辐射剂量为 30～40 mSv，超过允许的季度剂量限值，但小于当时的职业辐射照射个人年剂量限值50 mSv；估算得到的核电厂周围 80 km范围内两百万居民实际接受的辐射剂量最大为 0.7 mSv，平均约为 0.015 mSv。事故对公众健康的影响主要是精神方面的，尤其是三哩岛附近居民承受了巨大的精神压力：事故发生后几天里事故进程及原因的不确定性、处理事故的混乱、关于事故危险程度的矛盾信息和评估，让公众对政府和企业深表怀疑；媒体的不恰当报道又进一步加剧了公众的恐惧，一种核技术已失控的愤怒情绪弥漫在三哩岛周围；由于担心受到放射性危害，核电厂周围 15 英里范围内超过 39％的公众选择了撤离，共涉及 5 万个家庭 144 000 人。

该事故所造成的严重后果主要体现在经济方面：巴布科克·威尔科克斯公司再也没有售出反应堆，从此退出了核电供应商市场；事故处理及清理工作既繁杂又耗时，且花费昂贵，至 1993 年年底清理工作完成时共耗费近 10 亿美元。

三哩岛事故进一步加剧了公众对核技术的恐惧和对核电安全的不信任，激起了全国范围内的反核浪潮。当年的 5 月 6 日和 9 月 23 日，华盛顿和纽约先后爆发了规模庞大的反核游行；1982 年 6 月 12 日，在纽约中央公园更是爆发了史上规模最大的反核示威活动，参加人数达 100 万之巨。另一方面，核工业界的“大佬”们则纷纷站出来声援核电，其间影响最大的是被誉为“氢弹之父”的爱德华·泰勒。7 月 31 日，为了向公众作证核电的安全性和可靠性，泰勒在《华尔街日报》署名了一个横跨两页的广告：“5 月 7 日，三哩岛事故几周后，我专程到华盛顿驳斥拉尔夫·内德（Ralph Nader）和简·方达（Jane Fonda）有关核电不安全之不实宣传。吾已年届 71，一天工作 20 小时，力所不逮，翌日心脏病发作；可以说，我是事故唯一的健康受害者……”

三哩岛事故促进美国核工业届和监管部门的改革，NRC（美国核管理委员会）实施了大刀阔斧的机构重组与监管改革。首先，NRC 把工作重心从原来的审批新电厂执照转移到监管运行电厂上来，将大量人力资源投入到在运核电厂的事故后修改审查及监督活动中。其次，在随后的几年里，把原来位于华盛顿特区分散办公的 NRC 总部各部门陆续整合到马里兰州罗克维尔的一处综合体里办公，以增强各部门（尤其是检查与执法、运行经验反馈、研究等与安全密切相关的部门）之间的协调和配合。此外，NRC 进一步扩充完善了已有的现场监督员制度，在每个核电厂至少配备两名现场监督员负责现场监督活动。除了以上的组织变更外，NRC 还启动了其他的监管改革，主要涉及操纵员培训与执照考核、运行电厂配置、应急计划与响应、严重事故研究等。

美国核工业界进行了广泛而深入的讨论与反省，很快梳理出反应堆安全信息交流低效、操纵员与控制系统交互困难、操纵员培训不足这三个关键的问题，并着手建立了几个组织来解决这些问题。三哩岛事故 9 个月后，美国各电力公司出资成立了核电运行研究所（Institute of Nuclear Power Operations，INPO）。另外，核工业界还在美国电力研究院（EPRI）内部成立了核安全分析中心（Nuclear Safety Analysis Center，NSAC），为降低未来反应堆的事故概率制定技术策略和研究分析通用的反应堆安全问题。

除了进行机构重组和监管改革，NRC 制定并实施了一个名为“三哩岛行动计划”的庞大工程，以系统地修改与纠正在运和在建核电厂存在的安全问题。此外，根据凯米尼委员会之建议，1979 年 12 月联邦应急管理局（Federal Emergency Management Agency，FEMA）被指定为核电厂场外应急的联邦牵头机构。1980 年，NRC 修订了应急计划法规，规定在运核电厂须在 1981 年 4 月前提交完善的应急计划，新建核电厂须提交应急计划供审查认可后方可颁发运行许可证。同时，在批准实施的三哩岛行动计划中，NRC 要求每个营运单位均须在核电厂附近建造专用的应急运行设施，并精心维护和定期试验。

作为一个里程碑，三哩岛事故还让概率风险评价（PRA）技术得到了重生，并在随后三十几年的发展应用中展现了强大的生命力，得到了各界的普遍认可。NRC 相继发布了 NUREG-0492 报告《故障树手册》、NUREG/CR-2300 报告《PRA 实施导则》、NUREG-1050 报告《PRA 参考文件》、NUREG-1150 报告《严重事故风险：五座美国核电厂的评价》、NUREG-1560 报告《IPE 项目：关于反应堆安全和电厂绩效的观点》、NUREG-1742 报告《来自 IPEEE 项目的观点》、政策声明《概率风险评价在核监管活动中的应用》、管理导则（Regulatory Guide 1. 174～1. 178）、联邦法规 10 CFR 50. 69《核电厂构筑物、系统和部件的风险指引型分级与处理》。

三哩岛事故还大大推动了严重事故研究工作。

3.2.2 切尔诺贝利核电厂事故

1986 年 4 月 26 日，苏联的切尔诺贝利核电厂 4 号机组在进行一个为提高安全水平的试验过程中，由于其先天性的设计缺陷和运行人员多次严重违反运行规程，反应堆堆芯引入过量的正反应性而导致功率暴增，随即发生剧烈爆炸而解体，并伴随大量的石墨着火。在爆炸与火灾的双重作用下，大量高温的放射性物质冲破本不牢靠的反应堆厂房直抵云霄，在来自黑海的西北风作用下扩散至欧洲各地，尤其给白俄罗斯、乌克兰和俄罗斯三个前苏联的加盟共和国造成了大范围的环境污染，并直接导致数十人死亡，酿成了人类利用核能以来最为严重的核事故。切尔诺贝利事故造成了巨大的社会、政治、经济损失，让当事各国付出了惨重的代价，严重打击了公众对核电的支持和信心，使全球的民用核能行业迈入了长达十几年的寒冬期。

另一方面，切尔诺贝利事故促使全球的核工业界加强协作，成立了世界核电运营者协会，致力于打破国家的地理藩篱与意识形态的人为限制，通过合作、交流、分享、反馈等手段提高全球范围的核电厂运行安全与绩效。更重要的是，切尔诺贝利事故直接催生了安全文化，在国际原子能机构的大力倡导与支持下，各核电发展国家对安全文化进行了深入的研究与探索，取得了不俗的研究成果。

1. 事故过程

切尔诺贝利核事故由一个为提高核电厂安全的试验所引发。试验本是为了测试在汽轮发电机组跳闸及丧失厂外电源情况下，在备用柴油发电机提供应急电源前，依靠汽轮机的转子惰转能为反应堆安全系统（尤其是主泵）供应多长时间的电力。事实上，早先在切尔诺贝利核电厂的 3 号机组上做过该试验，但由于在试验过程中电压下降太快而未成功，于是安排在 4 号机组停堆检修前利用特制的发电机励磁调节器重做试验；可能基于这个原因，当时的试验人员把它看成一个简单的电力试验，而未充分考虑可能给反应堆安全带来的不利影响。

4 月 25 日凌晨 1:00，4 号机组处于满功率（热功率 3 200 MW）运行状态。得到试验许可后，反应堆操纵员在 1:06 开始缓慢降功率，历经 12 个小时后，即 13:05 时反应堆功率降至 50%；此时操纵人员切除了 7 号汽轮机，反应堆产生的蒸汽热量全部由 8 号汽轮发电机组带走。14:00，为了避免应急堆芯冷却系统（ECCS）自动触发，操纵员作出了违反运行规程的第一个动作：切除了 ECCS。试验人员本准备继续将功率降至 30%，以便正式开始试验，但由于基辅工业区的电力需求仍然很高，因此当地电力部门的调度人员要求核电厂推迟试验。于是，4 号机组在 50%功率且切除 ECCS 的情况下又运行了 9 个小时，直至 23:00。

23:10，得到许可后，电厂人员降功率继续试验。不幸的是，在降功率过程中，操纵员犯了一个错误，忘了重置功率调节器，至 26 日凌晨 00:28 时反应堆功率一下子掉到 1%（热功率 30 MW），反应堆几乎要停堆了！试验不可能在如此低的功率水平下进行，而且，急剧的功率下降导致裂变产物氙-135 产量的快速累积；氙-135 不是一种简单的放射性气体，更重要的是，它是一种中子吸收剂，就如海绵吸水一样，可源源不断地吸收中子，加剧了反应堆的停堆趋势。同时，在如此低的功率下，压力管中的冷却剂几乎全部变成液态水，而没有沸腾了；如前所述，冷却剂中的空泡容量减少，由于正反应性空泡系数的作用，液态水变成和氙-135 一样的中子吸收剂了，进一步向堆内引入了负反应性。

1:00，为了克服氙-135 和液态水的中子吸收效应，操纵员作出了违反运行规程的第二个动作：几乎拔出了所有的手动控制棒。1:03，反应堆热功率增加到满功率的 7%（200 MW），已无法进一步提升功率，操纵员作出了违反运行规程的第三个动作：决定偏离试验程序在此低功率下继续进行试验。本来，试验大纲中规定汽轮机惰转试验的前提条件是反应堆功率维持在700～1 000 MW 功率水平上，但他们认为在低功率下，堆芯更容易得到冷却，不易过热，更安全。

在 1:03 和 1:07，操纵员作出了违反运行规程的第四个动作：分别投运反应堆一回路上剩余的 2 台主循环泵（共 8 台），准备立即进行试验。低功率下过多循环泵的投运，加大了堆芯冷却剂流量，能造成主泵叶轮损坏和因气蚀而产生振动。更严重的是，过多的流量使得冷却剂条件已接近饱和。此时，汽水分离器的蒸汽压力和水位已降到紧急状态以下了，尽管反应堆已很不稳定，但操纵员仍想执行试验，于是作出了违反运行规程的第五个动作：旁路了来自汽水分离器的水位和蒸汽压力停堆信号。至此，基于热量参数的反应堆保护系统已失效，反应堆正步入危险的边缘。

1:19 时，为了恢复汽水分离器的水位，给水流量的供应已提高到初始流量的四倍。这降低了反应堆冷却剂的进口温度和压力管内的蒸汽产生量，由于正反应性空泡系数的作用，再一次向堆芯引入了负反应性。为了响应负反应性的引入，短短 30 秒内，自动控制棒被全部抽离堆芯，操纵员也尝试抽出手动棒；但是操纵员再次响应过度，自动控制棒又开始插入堆芯了。

1:22 时，反应堆参数已接近稳定，试验人员决定开始真正的汽轮机惰转试验了。为了在一次试验不成功后能够快速再次试验，操纵员作出了违反运行规程的第六个动作：旁路了来自汽轮机截止阀的保护停堆信号。这是一个不计后果的危险操作，导致反应堆丧失了自动紧急停堆的可能性。

1:23:04，试验正式开始。反应堆的不稳定状态在主控室控制面板上没有任何显示，而且所有参与试验的人员似乎并未意识到危险。汽轮机截止阀被关闭，汽轮机被隔离，惰转产生的动力开始给 8 台主循环泵中的 4 台供应电力。随着另外 4 台主泵的停运，堆芯冷却剂流动变缓，燃料开始升温，水中气泡增多，由于正反应性空泡系数的作用，反应堆功率急剧升高。1:23:40，操纵员按下了紧急停堆按钮。但为时已晚，由于之前的违规操作，手动控制棒和停堆控制棒几乎都提到了堆顶，要花费 6 秒钟才能起到停堆作用，再加上控制棒的设计缺陷(尾端由石墨构成)，在短短4 秒钟内，反应堆功率就升高至满功率的 100 倍左右！

大约在 1:24，厂外的观察者报告看到了两次爆炸。这两次爆炸都是蒸汽爆炸，而非核爆炸：在功率剧增的第一个阶段，燃料即开始熔化和汽化，导致压力管中压力急剧升高和沸腾水中的裂变碎片过热，随即发生第一次蒸汽爆炸，容纳燃料的压力管几乎全部被炸裂；随后，在高温情况下，燃料、石墨、管道金属材料、水和蒸汽之间发生类似水煤气的反应，生成大量爆炸性的氢气和一氧化碳，导致第二次蒸汽爆炸。

两次爆炸后，反应堆被彻底摧毁了。

2. 事故影响

(1) 灭火与冷却

事故后，人们面临的首要任务是灭火。蒸汽爆炸导致高温的堆芯碎片和强放射性石墨散落到反应堆厂房里的一些工作间、除气站和汽轮发电机厂房的房顶上，除了堆芯石墨砌体发生剧烈燃烧外，4 号机组多处冒起了大火，且汽轮机厂房上的火势直接威胁到临近 3 号机组的安全，形势迫在眉睫。

为了灭火和阻止放射性物质的扩散，在事故后的 10 个小时里，消防人员利用应急辅助给水泵将冷却水打入堆芯；但这一措施并未凑效，巨大的火灾没有得到遏制。为此，从 4 月 27 日至 5 月 5 日，苏联军队出动 30 多架直升飞机轮番向燃烧的反应堆空投了总计6 000多吨的沙包、黏土、铅、白云石和硼的混合物，试图抑制火灾和吸收辐射，并终止堆芯燃料的裂变反应。行动虽然闷熄了堆芯燃烧的熊熊火焰，但堆芯上部覆盖的沙子、黏土和铅等重物质构成了一道热屏蔽层，导致热量无释放渠道，堆芯温度继续升高。随后，应急人员不得不利用鼓风机往堆芯下部的空间源源不断吹送氮气，才基本解决了燃料温度的问题，并降低了反应堆厂房的氧气浓度，阻止了石墨的继续燃烧。直到 5 月 6 日，火灾和放射性物质的释放才得以基本控制，堆芯里将近一半的石墨被燃烧殆尽。

在此过程中，出现了另一个更为紧急和棘手的状况，由燃料元件和其他结构材料形成的极高温度堆芯熔融物在堆底流淌，有可能熔穿反应堆下方的混凝土底板，导致熔融物向下渗透。而反应堆下方设置有两层用于应急冷却的水池，若堆芯熔融物接触到水，可能引发新的蒸汽爆炸，后果不堪设想。为此，在现场救援专家团的建议下，苏联当局决定“两条腿走路”：一方面，派电厂消防员进入反应堆底部排空水池里的水；另一方面，从 5 月 12 日起，召集了上万名矿工，从地下挖掘一条长达近 100 多米的隧道进入反应堆下方，再挖出足够的空间安装液氮冷却装置，对堆芯底部进行冷却。后一项工作持续到 6 月底结束，最后用混凝土填充反应堆下方空间，以巩固反应堆厂房结构并阻止熔融物向下渗透。

(2) 撤离与清污

爆炸发生后，并没有引起苏联当局的高度重视，远在莫斯科的领导人和核专家得到的信息只是“反应堆发生火灾，但没有爆炸”，因此响应迟缓。距离核电厂最近的普里皮亚季镇的人们和往常一样生活，全然不知巨大的灾难已经发生。事故当天，苏联成立了一个事故调查组，至晚上抵达现场时，已有 2 人死亡、52 人送医；此时，调查组才有足够的证据判定反应堆被摧毁，电厂周围已出现了极高的辐射照射。4 月 27 日早晨，也就是在事故发生整整 24 小时后，当局才发布了撤离普里皮亚季居民的行政命令；至 15:00 时，超过 53 000 居民被撤离到基辅周边的村庄；28 日，撤离范围扩大到电厂周边 10 km 区域，并在事故后第 10 天扩大到 30 km 区域。1986—2000 年，大约有350 400人从白俄罗斯、乌克兰和俄罗斯遭受严重污染的土地上撤离而重新安置。

事故后 7 个月内，政府当局便动员大批的清理人员（Liquidators）对核电厂及其周边 30 km 遭受严重污染的土地进行清污处理。清理人员主要来自于军队，大部分并未意识到辐射的危害，且事先未得到良好的培训，辐射防护条件很差，很多都遭受到超过辐射剂量限值的照射。尤其是在建造遮盖损坏堆芯的“石棺”过程中，需要清理爆炸时从反应堆喷射出来落在附近建筑物屋顶和地面上的强放射性碎片，一开始利用机器人进行遥控操作，但机器人在强辐射环境下故障频发，不得不让人员冒着生命危险去清理；他们身穿厚重的铅衣，每人每次至多只能工作 40 秒，不断进行轮换，强放射性的碎片清理工作持续十多天才最终完成。

持续的清污工作直到 1989 年年底才宣告结束，总计600 000余名清理人员参与其中，据估计超过300 000的人受到大于 500 mSv 的辐射剂量照射。

(3) 迟到的“安全壳”

事故得到初步处置后，为了最大程度的限制放射性物质释放和尽快重启相邻的 3 个机组，根据现场救援专家团一名工程师的建议，当局便部署建造一座钢筋混凝土“石棺”对整个损坏的反应堆进行整体包裹。“石棺”从 1986 年 5 月开始设计，至 11 月建造完毕，历时 200 余天，全部使用钢筋混凝土和金属构件搭建组装而成，使用了 40 万立方的混凝土及 7 300 吨的金属构件；内部设计有多个通风井，以便形成适当对流；并设置了 60 多个观察孔，孔内设有射线屏蔽装置，以便透过孔观察“石棺”内部的情况。切尔诺贝利“石棺”是人类历史上前所未有的工程，大量放射性物质造成的高水平辐射环境给建造过程造成了极大的困难，参与建造的数十万建筑工人无疑受到了很高剂量水平的辐射照射。

然而，这座于仓促之间建造的“安全壳”并不安全，1988 年苏联科学家宣布其设计寿命只有 20～30 年。由于身处高强度放射性环境和数十年风雨的侵蚀作用，“石棺”多个部位已出现损坏，正遭遇结构完整性、密封性、火灾和再临界等多方面的严峻挑战，面临着坍塌和放射性物质再次泄漏的危险。早在 1992 年，乌克兰政府就在全球范围内启动了替代“石棺”的设计方案征集活动，最终采纳了英国原子能机构的拱形结构设计方案，该设计可在场外建造、组装完成后滑移就位。1997 年，七国集团、欧盟和乌克兰合作制定了切尔诺贝利掩体实施计划，并成立切尔诺贝利掩体基金，由欧洲复兴发展银行负责管理，为新安全掩体——也就是新“石棺”——的建造提供资金保障。由于各种原因，直到 2004 年乌克兰政府才组织新“石棺”项目的国际招标，最终在 2007 年法国的诺瓦卡（Novarka）公司与另外两家工程公司组成的联合体中标。总体设计建造方案是在场外建造组装两个巨大的拱形钢结构，然后拼接到一起再通过铁轨滑移到旧“石棺”之上，将原有结构整体封闭（如图 51 所示）。新“石棺”设计寿命至少 100 年，重达 31 000 t，长 162 m、高 108 m、跨度 257 m，并在拱形钢结构上安装桥式起重吊车，以考虑未来对旧“石棺”实施拆除作业。

（4）沉重的代价

作为人类历史上最严重的核事故，切尔诺贝利事故让乌克兰付出了相当沉重的代价，给当事各国造成了严重的人员健康、环境后果和巨大经济损失。如果说三哩岛事故引起了美国舆论的哗然，那么切尔诺贝利事故则震惊了全世界，给国际核能发展蒙上了一层浓重的阴影。

事故发生后，由于苏联当局对事故细节和有关信息的严密封锁，各国无法对事故形成准确认识，只能严重依赖于苏联单方面给出的事故报告。切尔诺贝利事故后，国际社会对核电厂安全愈加关注，更强

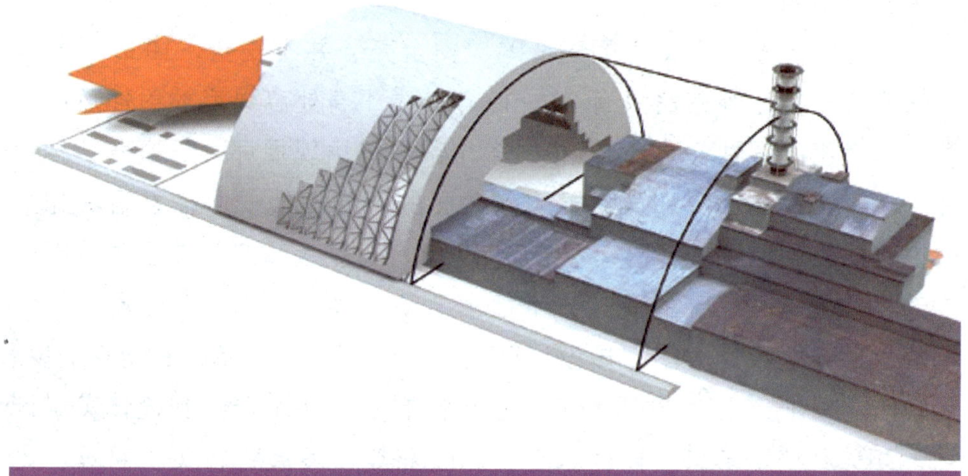

图 51　切尔诺贝利新“石棺”设计示意图

烈地要求及时获得有关核电厂运行及事故情况的信息通报。为此，IAEA 联合经济合作与发展组织核能局（Organization for Economic Co-operation and Development/Nuclear Energy Agency，OECD/NEA）在 1990 年开发了一个用于快速通报核电厂事件严重程度的等级表，即国际核事件分级表（International Nuclear Event Scale，INES），并于 1991 年上线测试、1992 年正式运行。该分级表通过对核事件进行适当的分析，能够便于核能界与公众和新闻界之间更好的沟通与理解。按照国际核事件分级表的分类法，切尔诺贝利事故被定为最高级：重大事故。

事故造成了环境的严重污染，首先使核电厂周围土地严重污染，直至今天，乌克兰和白俄罗斯仍然存在污染。在事故后的 10 天里，超过 40 多种不同的放射性核素从毁坏的反应堆里逃逸至环境，其中对人体健康和环境影响最重要的核素包括碘-131、铯-137 和锶-90；其中，碘-131 半衰期约 8 天，主要表现为短期影响，而铯-137 和锶-90 半衰期分别为 30 年和 28 年，主要体现为长期影响。根据 1990 年苏联科学家的调查报告，事故后核电厂周围 10 km 区域内放射性沉降的辐射水平高达 130 000 Ci/km^2，在该区域内下风向的大约 4 km^2 的松树林，受高强度的放射性沉降影响变成了红褐色，变成了一片“红色森林”；以铯-137 的浓度计算，放射性污染水平高于 5 Ci/km^2 的土地面积达 28 000 km^2，高于 15 Ci/km^2 的土地超过 10 500 km^2。

关于事故对人体的健康效应，根据 1996 年召开的国际切尔诺贝利事故 10 周年大会的总结报告，事故造成 31 人死亡；其中，28 人由于受到过量辐射照射而在事故后 4 个月内死于急性辐射效应，另外 3 人死于爆炸。事故后参与污染清理和恢复的大量工人受到高剂量辐射照射，且大多数情况下均未配备个人剂量计，专家只能估算其辐射剂量：106 个工人受到足以导致急性辐射病的高剂量照射，事故后一年内 211 000名清理人员受到的辐射剂量平均约为 165 mSv。在 1986 年，大量儿童由于饮用了受碘-131 污染的牛奶，甲状腺受到了不容忽视的辐射照射；根据联合国原子辐射效应科学委员会（United Nations Scientific Committee on the Effects of Atomic Radiation，UNSCEAR）于 2008 年发布的报告，除了儿童甲状腺癌发生率有十万分之几例的增加外（大部分的儿童甲状腺癌均能治愈，截至 2005 年上述三个国家受污染的地区共有 15 名儿童死于甲状腺癌），事故后 20 年里尚未发现可归因于辐射的总癌症发生率和死亡率增加的科学证据，也未发现直接与辐射照射相关的非恶性疾病增加的任何科学证据。事故对公众造成的健康效应，更多的来自于心理影响，如焦虑、沮丧和身心机能紊乱等。

切尔诺贝利灾难，给当时的乌克兰、白俄罗斯和俄罗斯三个苏联的加盟共和国造成了巨量的经济损失。由于当事各国的计划经济体制以及 1991 年苏联解体后持续的高通货膨胀水平和不稳定的汇率等因素，只能对事故造成的经济损失进行估算，但毫无疑问其数量惊人。

切尔诺贝利灾难，宣告了石墨反应堆的终结。1957 年 10 月，英国的温茨凯尔产钚反应堆发生石墨火灾事故后，世界上再也没有修建利用空气冷却的石墨反应堆；而切尔诺贝利事故则彻底断送了石墨反应堆的前途，事故前拟建的近10台核电机组被全数取消，由于其安全性能上的巨大缺陷，此后石墨堆不再兴建。事故后，在国际原子能机构、欧盟和美国等国际社会的大力帮助下，苏联对在役的16台RBMK机组进行了诸多设计和运行方面的安全改进和变更。毗邻切尔诺贝利核电厂4号机组的1号、2号和3号机组分别于1996年、1991年和2000年陆续停役，整个核电厂宣告关闭，但其恶劣而持久的负面影响发酵至今。

切尔诺贝利灾难，标志着此后长达十几年核电寒冬期的到来。该事故对全世界核电支持者而言不啻以一记响亮的耳光，严重削弱了公众对核电的支持及对核安全的信心。美国和欧洲爆发了声势浩大的反核运动，电力公司纷纷取消核电订单，意大利、奥地利、比利时、德国等国家相继出台限制核电甚至“无核化”的政策。1986—2002年，美国和西欧（除法国外）再没有开工建造新核电厂，直至21世纪初化石燃料价格高涨及全球变暖效应显现后，各国才纷纷重启核电厂建造计划；然而，世事难料，2011年发生的日本福岛核事故，让全世界核电发展再度陷入低潮，直至四五年后在中国、印度、阿联酋等一批新兴国家缓慢复苏。

切尔诺贝利灾难，证明了核安全无国界，地球上任何一处发生的核事故，其影响都是世界性的，一损俱损，“环球同此凉热”。某种程度上而言，切尔诺贝利事故是美苏两个大国长期对峙局面下苏联的封闭体制造成的，长期游离于国际核安全主流之外，固步自封引致反应堆带有先天性的致命缺陷。1989年5月15日，为了跨越国界和意识形态的限制，来自144个运营核电厂的电力企业代表齐聚莫斯科，仿照美国核电运行研究所（INPO）的模式，通过了世界核电运营者协会（World Association of Nuclear Operators，WANO）章程，建立了一个新的国际组织，致力于通过成员间的同行评估、运行经验反馈、运营者之间的交流及良好实践的推广与分享等手段，进一步提高全世界核电厂的安全和绩效。正是在WANO的大力协调下，自1989年起，超过1 000名来自苏联的核工程师分批参观访问了西方的核电厂，结束了东西方阵营在核安全领域里长期隔离的局面，为全球范围内的核电运行安全奠定了重要基础。

3.2.3 福岛核电厂事故

2011年3月11日，受东北太平洋海域发生的大地震及随后而至的海啸影响，日本福岛第一核电厂遭受了多机组熔毁的厄运，成为自切尔诺贝利事故以来最严重的核事故，震惊了世界。虽然事故带来的放射性健康后果较小，但造成了巨大的经济损失和严重的社会影响，引发了日本国民甚至全球对核安全的广泛担忧，重创了刚刚复苏的世界核电发展势头。福岛核事故后，各国纷纷调整核电发展计划，有的缩减核电发展规模，有的暂停审批新建项目，有的甚至通过全民公投确定了“零核电”的国家政策。

福岛核事故再一次诠释了“核安全无国界”的真谛，各核电发展国家和国际组织纷纷响应，投入人力、物力和财力支援日本进行事故处理或针对性地开展本国核电厂安全检查与评估，并在此基础上提出了相应的安全改进措施。在这场事故响应与安全改进行动中，尤以日本作出的变革和改进最为彻底，在环境省下面成立新的独立运作的核安全监管机构，彻底划清与核能发展部门的界限，并制订颁布了新的核电厂安全标准，以期重拾日本国民对核电安全的信心。美国的响应与改进则最为系统且具操作性，在对核安全监管体系实施全面评估的基础上，NRC通过发布一系列的命令、法规修订和信息要求等形式有条不紊地推进安全改进行动；为了响应监管部门提出的应对超设计基准外部事件要求，美国核工业界开发了灵活而多样的缓解策略(FLEX)，以应对极端外部事件所致核电厂长时间失去交流电源和丧失最终热阱的严峻挑战。

福岛核事故的研究将是一个长期过程，对事故的经验总结、教训汲取及相应的安全改进还远未结束。毫无疑问，后福岛时代的反应堆安全性将更高。

1. 事故过程

2011 年 3 月 11 日，福岛第一核电厂 1 号机组以稳定的额定电功率输出状态运行，2 号和 3 号机组以稳定的额定热功率参数运行，4～6 号机组处以停堆换料状态。日本当地时间 14:46，大地震降临，持续时间长达 3 分钟，最后导致日本本州岛向东移动了 2.4 m；地震震中位于宫城县以东太平洋海域，距离福岛第一核电厂大约 150 km。地震引起的地面震动加速度大大超过了反应堆保护系统设定的阈值，引起该区域内4 座核电厂的 11 台在运机组全部自动保护停堆。与此同时，地震破坏了福岛第一核电厂的外部供电线路，6 路外电源全部丧失；按照运行规程要求，各机组的厂内应急柴油发电机自动投入运行，向反应堆安全重要的系统和设备供电，以有效导出堆芯衰变热而防止堆芯过热。至此，地震虽然给核电厂带来严重破坏，造成厂区道路和建筑物内部或抬高、或下沉、或垮塌，但各机组对之的响应与控制还算差强人意，基本按照人们事先预计的方向发展；且尚未有证据表明大地震对各反应堆关键系统或设备造成明显损坏，充分显示了核电厂优良的抗震性能。

然而，大规模的断层移位引发了巨大的海啸，成为日本有观测史以来最大规模的海啸，引起的最大浪高在岩手县 吉地区达到了 38.9 m。在地震发生大约 41 分钟后接踵而至的七波海啸向福岛第一核电厂袭来，引起的滔天巨浪最高达到 15 m。真正的麻烦来了：福岛第一核电厂在 20 世纪 60 年代选址和设计时，基于 1960 年智利海啸的评估而设定的设计基准海啸高度为 3.1 m，海水取水泵位于海平面以上

4 m，1～4 号机组和 5～6 号机组的厂坪标高分别 10 m 和 13 m；2002 年，设计基准海啸高度被提高至 5.7 m，并对低处的海水泵进行了密闭处理。于是，海啸引起的巨浪轻易地越过了 5.7 m 的防波堤，真正以“山呼海啸”之势冲向核电厂，并席卷了沿途的海水泵、电机、滤网和其他设备，整个厂区在顷刻之间陷入一片汪洋。除 6 号机组的 1 台风冷型应急柴油发电机外，位于各机组汽轮机厂房地下一层的其他 12 台应急柴油发电机全因水淹而失灵；更糟糕的是，除了 3 号机组外，其他机组的直流电源也由于配电盘或蓄电池或电缆被水淹而失效（如图 52 所示）。至此，地震前运行的 1～3 号机组失去全部交流电源（即全厂断电）和最终热阱，有的还同时丧失直流电源，各反应堆的堆芯冷却和余热导出面临着前所未有的严峻挑战。灾难，才刚刚开始。

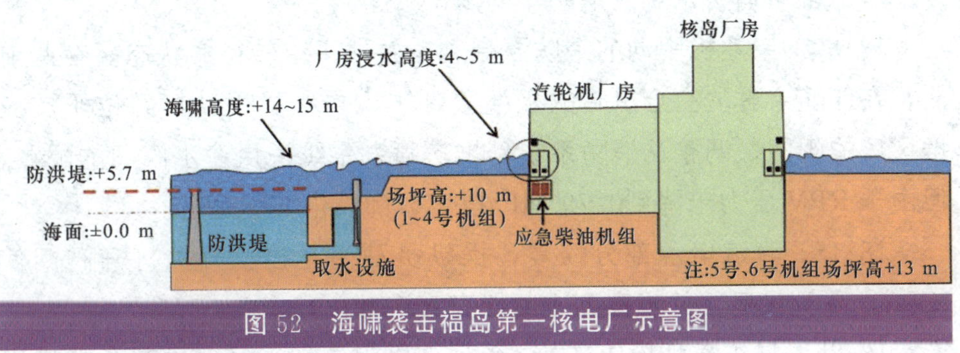

图 52 海啸袭击福岛第一核电厂示意图

以下先以列表形式概述 1 号、2 号和 3 号机组事故发展过程，再简要交代其他机组和乏燃料水池在事故期间的状态。

(1) 1 号机组

事故进程如下：

2011 年 3 月 11 日，14:46，地震发生后，反应堆随即保护停堆。

14:47，汽轮机跳闸、主蒸汽隔离阀关闭，厂外电源丧失信号触发应急柴油发电机启动。

14:52，堆芯压力高信号触发隔离冷凝器系统（IC）启动。

15:03，操纵员手动切除 IC。

15:10—5:34，操纵员通过开启和关闭电动阀（MO-3A）来控制 IC(A) 系列的运行。在此期间随着反应堆的压力波动，分别手动投运和切除 IC(A) 系列 3 次。

15:27，第一波海啸来袭，浪高约 4 m，对电厂的冲击不大。

15:35，第二波海啸来袭。

15:37，海啸浸湿、淹没了应急柴油发电机组以及交流和直流配电系统，导致电厂失去所有的交流和直流电源。

15:37—5:50，主控室丧失了正常的照明、显示和控制，包括压力容器（RPV）水位和 IC 阀门状态的指示。

16:36，无法确定 RPV 水位及注水状态。因失去堆芯冷却，工作人员考虑采用消防系统或消防车向 RPV 注水。

17:30，柴油机驱动的消防泵启动，并处于空转待命状态。在此前后，在伴随余震、完全黑暗的极端条件下，操纵员手动打开位于反应堆厂房的阀门，调整从消防系统到堆芯喷淋系统备用注水阀门的配置，但由于 RPV 压力未降到0.79 MPa以下，尚无法实现注水。

18:18，直流电源部分恢复，操纵员利用主控室开关打开阀门使 IC(A) 系列投运，并观察到冷凝器有蒸汽散出。

18:25，操纵员切除 IC(A) 系列，原因未知，导致堆芯余热排出手段全部丧失。

20:07，操纵员到反应堆厂房就地检查反应堆压力为7 MPa，反应堆水位仍然未知。

20:49，工作人员安装了一个小型便携式发电机，恢复了 1 号、2 号机组主控室的部分临时照明。

21:30，主控室显示仪表重新工作，操纵员将 IC(A) 系列投运。

21:51，因剂量率高，限制进入反应堆厂房。

23:50，临时发电机接通，用于主控室的部分照明、干井压力仪表供电，安全壳绝对压力达 0.6 MPa，超过 0.528 MPa 的设计压力，准备为安全壳排气卸压。

2011 年 3 月 12 日，01:48，处于待命状态的柴油机驱动消防泵停运，在注入柴油后重新启动失败。与此同时，IC(A) 系列运行失效。

02:30，安全壳压力增至 0.84 MPa，反应堆压力降至0.9 MPa，但仍无法实施注水。

03:45，工作人员尝试通过反应堆厂房的空气闸门进去检查，开门后发现蒸汽，未能成行。

05:46，随着反应堆和安全壳压力的缓慢下降，消防车通过堆芯喷淋系统将淡水从一个消防储水箱注入反应堆。至14:53淡水耗尽时，经消防系统向反应堆注入淡水总计达80 t。

14:30，几乎在事故发生 24 小时之后，安全壳卸压管线上的爆破盘打开，安全壳开始向外排气卸压并释放放射性物质，排气烟囱冒出了白色烟羽。

15:36，反应堆厂房（二次安全壳）发生氢气爆炸，破坏了厂房上部的钢结构，放射性物质释放至环境，也破坏了准备用于注入海水的临时电缆、发电机、消防车和消防水带等，并对 2 号机组的恢复行动构成了很大的干扰。

19:04，开始向反应堆注入海水，随后往海水里间歇性加入硼，防止反应堆重返临界。

2011 年 3 月 20 日，事故发生后第 9 天，厂外供电恢复。

2011 年 3 月 25 日，向反应堆注水由海水改为淡水。

(2) 2 号机组

事故进程如下：

2011 年 3 月 11 日，14:46，地震发生后，反应堆随即保护停堆。

14:47，汽轮机跳闸、主蒸汽隔离阀关闭，厂外电源丧失信号触发应急柴油发电机启动。

14:50，RPV 水位低信号触发堆芯隔离冷却系统（RCIC）启动。

14:51，由于 RPV 水位过高，堆芯隔离冷却系统被自动切除。

15:02，因 RPV 水位降低，操纵员重新启动堆芯隔离冷却系统。

15:27，第一波海啸来袭。

15:28，由于 RPV 水位过高，堆芯隔离冷却系统再次被自动切除。

15:35，第二波海啸来袭。

15:39，操纵员重新启动堆芯隔离冷却系统。

15:41，海啸浸湿、淹没了应急柴油发电机组以及交流和直流配电系统，导致电厂失去所有的交流和直流电源。

15:41—20:00，主控室丧失了正常的照明、显示和控制，包括堆芯隔离冷却系统和高压冷却剂注入系统（HPCI）所有的信号指示，无法判断 RPV 水位及注水状态。工作人员考虑采用消防系统或消防车向 RPV 注水，并寻找在失电情况下进行安全壳排气的方法。

21:02，工作人员安装了一个小型便携式发电机，恢复了 1 号、2 号机组主控室的部分临时照明，而一些重要的信号指示，如 RPV 水位和堆芯隔离冷却系统工作状态仍然无法使用。

23:25，工作人员修复了反应堆和安全壳压力测量各一个通道，分别指示为 6.3 MPa 和 0.14 MPa。

2011 年 3 月 12 日，02:55，克服各种困难，工作人员抵达反应堆厂房的一个仪表台，发现堆芯隔离冷却系统泵出口压力很高，判断堆芯隔离冷却系统仍在运行。

05:00，因凝结水贮存箱水位较低，工作人员将堆芯隔离冷却系统供水来源切换至抑压池。同时，工作人员被要求无论在控制室还是户外均要穿戴有过滤器的面罩和工装裤，1 号机组快速升高的放射性剂量率使得操纵员需要周期性地转移到 2 号机组这边的房间。

2011 年 3 月 13 日，RPV 水位仍由堆芯隔离冷却系统维持着，但状况很糟糕，且由于堆芯隔离冷却系统信号指示失效，操纵员无法监测 RPV 水位。工作人员开始分段运输软管和设备，以便在需要时利用消防车向反应堆注水。

2011 年 3 月 14 日，11:01，3 号机组反应堆厂房上部发生氢气爆炸，散落的碎片毁坏了消防车和软管，工作人员返回应急响应中心。

13:25，基于 RPV 的低水位，操纵员判断堆芯隔离冷却系统在事故发生近 71 个小时后失效。

19:54，几经周折，终于向反应堆堆芯开始注入海水，并在其中间歇性地加入硼。

2011 年 3 月 15 日，6:00，反应堆厂房环形区域传来一声巨响。几乎在同一时间，4 号机组的反应堆厂房发生氢气爆炸。

2011 年 3 月 20 日，事故发生后第 9 天，厂外供电恢复。

(3) 3 号机组

事故进程如下：

2011 年 3 月 11 日，14:46，地震发生后，反应堆随即保护停堆。

14:48，汽轮机跳闸、主蒸汽隔离阀关闭，厂外电源丧失信号触发应急柴油发电机启动。

15:05，操纵员手动开启堆芯隔离冷却系统，以维持停堆后的反应堆压力和水位。

15:25，由于 RPV 水位过高，堆芯隔离冷却系统被自动切除。

15:02，因 RPV 水位降低，操纵员重新启动堆芯隔离冷却系统。

15:27，第一波海啸来袭。

15:35，第二波海啸来袭。

15:38，海啸浸湿、淹没了应急柴油发电机组以及配电系统，导致电厂失去所有的交流电源，进入全厂断电（SBO）事故状态。正常的主控室照明丧失，但部分直流电源可以提供应急照明和指示，堆芯隔离冷却系统和 HPCI 仍然可用。

16:03，由于 RPV 水位低，操纵员手动重启堆芯隔离冷却系统。

2011 年 3 月 12 日，11:36，堆芯隔离冷却系统意外停运，且不能重启。

12:35　在堆芯隔离冷却系统停运 1 小时后，HPCI 由于 RPV 水位低而自动启动。

2011 年 3 月 13 日，02:42，由于丧失所有的注入水源，HPCI 被迫停运，且直流电源亦快耗尽。

09:20，开始对安全壳排气卸压。

09:25，开始向堆芯注入淡水，并在 12:20 由于水源耗尽而停止注水。

13:12，开始向堆芯注入海水。

2011 年 3 月 14 日 11:01，反应堆厂房发生氢气爆炸，产生的大量飞射物损坏了若干便携式发电机和临时电缆。

2011 年 3 月 22 日，事故发生后第 11 天，厂外供电恢复。

(4) 4 号、5 号和 6 号机组

如前所述，地震发生前，福岛第一核电厂的 4 号、5 号和 6 号机组均处于停堆换料阶段，且 4 号机组堆芯所有的燃料组件已移出至乏燃料水池。在 11 日15:37海啸侵袭电厂后，4 号机组失去了所有的电源，由于堆芯无燃料，故操纵员主要关注于稳定 3 号机组的情况。然而，15 日 06:00 前后发生于反应堆厂房燃料操作大厅的氢气爆炸，让现场的应对人员大出意外，因为乏燃料水池尚有足够的水冷却乏燃料，不至于让池水过热使燃料的锆包壳与水反应产生氢气。事后分析，最可能的原因是 3 号机组备用排气管线里的氢气，通过 4 号机组的排气管线回流进入反应堆厂房，因为两者共用一个气体收集管道向烟囱排气。

而 5 号和 6 号机组距离 1～4 号机组有一定距离，且厂坪标高较高，故地震及海啸侵袭后损失相对要小。但也导致 5 号机组丧失所有交流电源，6 号机组尚有 1 台风冷型应急柴油发电机保持可用，为主控室操纵员读取各种监测仪表创造了条件。12 日 08:13，工作人员成功地将 6 号机组剩余可用的应急柴油发电机电力导向 5 号机组；13 日，使用凝结水补给系统向堆芯注入冷却剂，蒸汽通过安全释放阀排入抑压池。随后，工作人员恢复了余热导出系统，并在 20 日成功地将两个机组的堆芯水温降至 100 ℃以下，达到了冷停堆状态。

(5) 乏燃料水池

除了一个共用的乏燃料水池外，在每个机组的反应堆厂房内均布置有一个配套的乏燃料水池，里面储存了大量的乏燃料。乏燃料水池存水量超过燃料组件顶部，大约 7～8 m。地震可能导致存水溅出，但影响有限。由于电源的丧失，缺少仪控手段，且现场放射性水平高，故在事故的最初几天里无法确定 1～4 号机组的乏燃料池水位。在 1 号、3 号和 4 号机组的氢气爆炸摧毁反应堆厂房上部结构后，方可以接近乏燃料水池，并考虑了多种方式来为乏燃料池定期提供冷却，包括高压水枪喷洒、从直升机上倾倒和利用水泥泵车传送等。

利用 6 号机组的应急柴油发电机提供的电源，为 5 号和 6 号机组乏燃料池建立了强迫冷却循环，使之得到了交替冷却。

2. 事故影响

高强度地震和大规模海啸使福岛第一核电厂遭受到大范围的损毁，造成 1～5 号机组丧失所有交流电源，有的甚至同时失去直流电源，并全部丧失最终热阱，给各反应堆和乏燃料水池冷却功能带来了前所未有的严峻挑战。尽管采取了一些补救措施，但 1 号机组还是在地震发生数小时后丧失了堆芯冷却，2 号和 3 号机组也分别在大约 71 小时和 36 小时后失去堆芯冷却；由此开始，各机组堆芯冷却迅速恶化，堆芯燃料随即损坏并熔化，造成 1 号、3 号和 4 号机组发生氢气爆炸及 2 号机组主安全壳损坏，最终酿成了迄今唯一的多机组熔化的严重事故。

事故发生两周后，通过向反应堆持续不断地注水，1～3 号机组基本趋于稳定；在 7 月建成并投运新的水处理装置后，各机组得以通过循环水冷却。2011 年 12 月 16 日，日本首相对外宣布，1～3 号机组已达到冷停堆状态，正式标志着事故状态的结束；但 3 个反应堆堆芯均遭受了不同程度的熔化，日本政府随后在 12 月 21 日通过了“福岛第一核电厂 1～4 号机组退役中长期路线图”，标志着电厂未来长达 40 年退役工作的起步，原本建造 7 号和 8 号机组的扩建计划自然也就“胎死腹中”了。

各机组安全壳的排气卸压以及反应堆厂房的氢气爆炸，导致了放射性物质向大气的大量释放。释放的放射性物质主要来自于 2 号机组，且释放绝大部分发生于 3 月，2011 年 4 月以后向环境的释放量则不到 3 月的 1%。另外，事故还造成大量放射性污水向海洋环境泄漏或人为排放。事故后，日本政府和有关机构基于堆芯状态诊断结果或环境监测结果对放射性物质的大气释放量进行了评估。3 月 18 日，原子力安全保安院（NISA）根据当时得到的信息，认为有百分之几的堆芯放射性总量发生了释放，根据国际核与辐射事件分级表准则随即宣布将事故暂定为 5 级；4 月 12 日，NISA 估算得到的放射性释放量为 3.7×10^{17} Bq 的碘-131 当量，并宣布将事件定级提升至 7 级，随后在 8 月 24 日将福岛核事故最终确定为 7 级：重大事故。

虽然事故非常严重，但由于各机组安全壳发挥了良好的放射性屏障作用以及及时的公众撤离与疏散行动，无人遭受急性辐射照射，无人死于核事故。至 2011 年 12 月 13 日，东京电力公司对在厂区参与事故处置、救援等工作的19 594人进行了辐射剂量检测，总共有 167 名工作人员受到超过 100 mSv 的辐射照射；其中，处于 100～150 mSv 之间的人员有 135 名，150～200 mSv 之间的有 23 名，200～250 mSv 之间的有 3 名，超过 250 mSv 的有 6 名。2013 年 5 月底，联合国原子辐射效应科学委员会召开会议，讨论了《福岛核事故评估报告》；该报告中指出，福岛核事故所致日本国民遭受的甲状腺集体剂量和全身照射集体剂量分别约为切尔诺贝利核事故的 1/30 和 1/10，因事故造成的多数日本人在第一年及随后几年的额外辐射剂量小于天然本底辐射剂量（在日本为每年 2.1 mSv），可归因于此事故造成的未来癌症统计数据不会有很大变化。

事故后，诸多日本机构和国际组织对事故进行了初步研究，并纷纷发布了相应的研究报告；其中，影响较大的要数日本国会成立的福岛核事故独立调查委员会（以下简称国会调查委员会）的报告。该报告严厉地批评了政府、监管机构和东京电力公司在组织管理、安全文化、应急响应及监管法规等方面存在的重大缺陷，认为核安全监管部门几乎遭到了电力公司的“绑架”，导致了监管的重大失职；并且，国会调查委员会近乎于“谴责”了东京电力公司太快地把事故归因于海啸而否认地震造成的破坏，认为事故明显是“人为的”，是一起“日本制造”（Made in Japan）的灾难，“其深层次的原因可以追溯到日本文化根深蒂固的传统：我们条件反射性的服从，我们不愿意质疑权威，我们热衷于‘坚持程序’，我们的集体主义，我们的孤立性”。

在福岛核事故发生后，媒体尤其是互联网几乎是 24 小时不间断地直播、跟进事故进展，地震、海啸、民众疏散、注水、氢气爆炸、放射性污水排放等重大节点或细节被一一聚焦于媒体的镁光灯下，实时呈现在全世界的观众面前，刷新了以往任何一起核事故给公众带来的巨大冲击感。事故虽然发生于日本，但其他国家或国际组织亦无法置身事外，纷纷采取响应行动，以从中汲取教训，进一步提高后福岛时代的核安全水平。

3.2.4 国外 1～4 级典型事故/事件案例

总体上看，在核电发展的过程之中，核电总体是安全可靠的。除了以上提及的 3 起严重核事故之外，还有一些典型事故/事件，这些事故/事件产生。为了更清晰的反映核事件的分级，下面简要列举几个典型事件。

1. 4级事件——JCO临界事故

1999年9月30日，在日本茨城县那珂郡东海村JCO核燃料处理工厂，由于现场操作人员违反操作规程，将超过临界质量的浓缩铀倒入沉淀槽中，导致临界事故发生，造成人员受到超剂量照射（导致2名工作人员死亡），并有放射性物质释放至环境。按照INES分级准则，该事故为4级。

2. 3级事件——戴维斯－贝斯反应堆腐蚀事件

2002年3月5日，在美国俄亥俄州的戴维斯－贝斯核电厂，在反应堆维修期间，检修人员发现在反应堆压力容器上存在一个约合15.24 cm深的腐蚀洞，导致遭腐蚀后的容器厚度只有9.52 mm左右。按照INES分级准则，该事件为3级。

3. 2级事件——福什马克核电厂事件

2006年7月25日，在瑞典的福什马克核电厂，由于核电厂应急供电系统发生共因故障，导致安全功能减退，一个反应堆机组被迫安全停堆。按照INES分级准则，该事件为2级。

3.3 国内核电厂事件与案例点评

由于我国在发展核电之初就高度重视核安全，对核电运行管理进行严格规范。因此，截至目前，我国还从未发生过核事故，仅有少量的核事件。下面，简要介绍我国的核事件情况。

1. 1级事件——大亚湾核电厂事件

2010年10月23日，在中国的大亚湾核电厂，检修人员在对1号机组大修检查期间，发现辅助冷却系统管道出现 3 条微细裂纹，管道渗漏出少量带有辐射的硼结晶。按照 INES 分级准则，该事件为 1 级。

2. 0 级事件——岭东核电厂

2014 年 8 月 1 日，中国广核集团下属岭东核电厂已于 7 月 31 日向粤港两地有关部门通报一起电厂运营 0 级事件，并在其官方网站上公开所有信息。据通报，该起事件不会对核安全、电厂员工健康及公众环境造成影响。

据通报，今年 7 月 29 日，电厂维修人员在检查岭东核电厂 2 号机组厂房内空气监测仪表通道时，发现其中一个监测取样点的安装位置与设计不一致。但由于电厂厂房配置有多套同类空气监测仪表，该范围一直保持有效监测，而且监测数据显示空气质量正常。电厂已即时开展纠正工作，该类事件不会对核安全、电厂员工健康及公众环境构成影响。该企业已向国家核安全局通报有关事件。

3. 非等级事件

(1) 大亚湾核电厂

2015 年 10 月 12 号，广东大亚湾核电厂通报一起非等级核电厂运行事件，大亚湾核电厂工作人员在巡视 2 号机组时，发现电气厂房内的一个气体灭火罐起动器没有设定在开启状态，导致不能使用遥控启动功能。该事件并未影响核安全，也不会对外界环境及公众安全构成威胁，站方也已经向国家核安全局通报有关事件。

据凤凰卫视报道称，大亚湾核电厂工作人员 12 日在巡视 2 号机组时发现电气厂房内的一个气体灭火罐起动器未设定在开启状态，导致无法使用遥控启动功能。

核电厂随后开展排查，发现 1 号机组存在同一情况。工作人员随即将灭火罐起动器状态调整至工作状态。

根据国际原子能机构的分级表，事件属于“非等级核电厂运行事件”，即对核安全没有影响，也没有对电厂员工健康、及附近地区的公众与环境构成任何影响。

(2) 红沿河核电厂应急柴油发电机组中冷器紧固件断裂共性问题

2015 年 1 月 29 日，红沿河核电厂 3 号机组在小修期间，发现应急柴油机组 19 颗中冷器盖与中冷器连接螺栓断裂。根据红沿河核电厂的经验反馈，5 月 17 日，宁德核电厂 3 号机组检查发现应急柴油机组 8 颗中冷器盖与中冷器连接螺栓断裂；9 月 20 日，防城港核电厂 1 号机组检查发现应急柴油机组 10 颗中冷器盖与中冷器连接螺栓，5 颗支架与中冷器连接螺栓发生断裂。

问题的直接原因：螺栓在使用过程中，部分松动螺栓在多向交变载荷作用下，螺栓抗疲劳裕量不足，导致疲劳断裂。

问题的根本原因：防松设计存在不足。安装过程中涂胶不规范可能导致螺栓松动；防松措施不充分，中冷器在热应力和振动环境下，承受多向交变载荷；螺栓抗疲劳裕度不足，最终导致螺栓断裂。

处理措施：将螺栓进行换型改造，提高螺栓抗疲劳性能；采用锁紧垫圈，防止螺栓在使用过程中松动；细化安装规程，规范螺栓安装操作，加强过程控制。

(3) 宁德核电厂主泵转速机架故障共性事件

2015 年 3 月 6 日，宁德核电厂 3 号机组热停堆阶段，转速机架故障处理与核仪表系统（RPN）参数修改叠加触发超温超功率保护，导致落棒停堆运行事件。5 月 1 日，阳江核电厂 2 号机组处于功率运行状态，3 号主泵（Y2RCP003PO）转速机架输出异常，转速指示由 1 480 r/min 降为 0 r/min，30 分钟后转速指示自动恢复。在此期间，现场主泵实际运转正常、转速稳定。经核实，岭澳、红沿河、宁德、阳江等核电厂多机组出现过转速机架输出异常问题。其主要表现为输出不连续、指示偏差大、尖峰波动、指示突然降到零等现象。

事件的直接原因：转速机架内部光耦等元器件故障导致转速输出异常；电路布局不合理、输入/输出信号未进行有效的降噪处理。

事件的根本原因：制造过程控制不到位，致使光耦等元器件可能存在制造缺陷；光耦等元器件可能因贮存条件差导致老化失效；输入部分存在设计上的固有缺陷；经验反馈未到位，导致问题多次重发。

处理措施：针对故障机架，使用合格备件进行了更换。同时，鉴于部分元器件已停产，积极开展新型元器件替代品采购工作。另外，对板卡电路进行优化设计，进一步妥善解决该问题。

(4) 核电厂冷源丧失或安全异常导致反应堆停堆共性事件

2015 年 7 月 26 日，红沿河核电厂 2 号机组处于反应堆功率运行模式，由于第一道和第三道拦污网破裂导致大量海生物涌入循环水过滤系统（CFI）取水口，当班值手动闭锁 CFI 压差“高 4”信号。此前，红沿河核电厂 1 号、2 号机组运行期间大量水母涌入取水口，导致两台机组停堆。

2015 年 8 月 7 日，宁德核电厂 3 号机组处于反应堆功率运行模式，由于大量海地瓜涌入 CFI 取水口，CFI 鼓网出现压差“高 4”信号，汽轮机停机，冷凝器真空快速下降触发冷凝器故障信号，叠加 P10 信号，导致反应堆停堆。期间，循环水泵停运，机组后撤，运行值为控制堆芯轴向功率偏差，提升反应堆功率，并手动屏蔽 CFI 鼓网压差“高 4”信号。

此外，防城港核电厂、岭澳核电厂、福清核电厂、昌江核电厂等核电厂在调试、运行期间，也发生过因海生物的影响造成冷源丧失或安全异常，甚至触发自动停堆。

事件的初步原因：核电厂周边海域的海生物风险预估不足；海生物监测预警机制不完善，且应对措施针对性不强；海生物爆发性涌入 CFI 取水口，导致 CFI 鼓网堵塞；设计上不合理，CFI 鼓网冲洗水回流至取水前池，进一步加剧海生物在鼓网的聚集。目前，我局正在组织开展全面的调查和研究。

处理措施：开展核电厂周围海域海生物产生机理，以及海生物种类、习性、探测技术等方面的研究；加强监测和预警机制，持续监测海生物的运动轨迹及特性，判断其威胁及影响；采取包括消杀、拦截、改变泵运行方式等针对性措施，如结合海生物特性研究拦截、阻挡海生物的临时设施。

鉴于近年多个核电厂发生因海生物爆发性涌入CFI取水口导致冷源丧失或安全异常。各营运单位应高度重视冷源安全，开展相关海生物产生机理的研究工作，采取针对性的措施防止冷源失效或安全异常，完善海生物监测和预警体系，杜绝人为屏蔽核安全相关信号，导致核安全降级的行为。

(5) 宁德核电厂余热排出泵电机轴承温度异常共性问题

2015年9月11日，宁德核电厂4号机组余热排出系统首次联泵试验期间，余热排出泵电机驱动端轴承温度异常，偏高并存在波动现象，且呈上升趋势，期间最高温度达到89.4 ℃，有超过90 ℃报警值的趋势。经查，宁德核电厂、阳江核电厂等多个核电厂存在余热排出泵电机轴承温度异常问题。

问题的直接原因：一是电机驱动轴承室内润滑脂较多引起散热不畅；二是轴承腔与电机轴承外圈的配合较紧，引起温度异常；三是运输转运过程未对电机进行锁轴，造成轴承出现微缺陷，引起轴承温度波动。

问题的根本原因：装配过程监督不到位，造成轴承腔与电机轴承外圈过紧；生产过程控制不严，首次注脂量过多；运输和转运过程中设备保护不到位，未对设备易损部件进行专门的保护措施。

处理措施：经拆检后更换驱动端和非驱动端轴承，复装后温度正常，试验合格。营运单位将该问题反馈厂家，加强装配过程控制，并关注首次注脂量；在运输和转运过程中，严格执行锁轴操作。

(6) 核电厂厂房被水淹造成安全物项受损事件

1) 福清核电厂2号机组重要厂用水泵组电机被淹事件

2015年5月8日，福清核电厂2号机组处于首次装料准备阶段，在按计划将重要厂用水系统由联通模式改为分列运行模式的疏水过程中，因阀门标识错误，错开排水阀，同时电厂污水系统两台潜水泵中一台故障，疏水能力不足，最终导致联合泵房的重要厂用水泵组、电厂污水系统潜水泵控制箱、反冲洗水泵组等物项被水淹受损事件。

事件直接原因：打开标识错误的疏水阀，地坑泵不可用，临时排水设施准备时间过长，导致泵坑被淹。

事件根本原因：施工人员错挂阀门标牌，并突破层层屏障；人员技能不足，操作不规范，排水时未考虑排水泵的疏水能力，发现异常未及时关闭疏水阀。

处理措施：对受损设备进行更换或维修，并鉴定合格；纠正错误标牌，并对其他标牌正确性进行普查；对相关人员重新进行培训和授权，提高人员技能水平；完善地坑排水泵定期试验要求。

2) 福清核电厂4号机组燃料厂房－6.7 m层水淹事件

2015年7月4日，福清核电厂3号机组处于开盖冷态功能试验阶段，在进行低压安注给高压安注增压试验过程中，启动重要厂用水系统（SEC）B列水泵时，因排水沟（GS）堵塞，导致海水回流至4号机组GS沟，并沿管廊电缆沟进入4号机组燃料厂房（4KX）－6.7 m层，最终导致4KX厂房－6.7 m层的多个设备、管道、阀门、电缆等物项被海水浸泡受损，GS沟内管道格栅弯曲变形。

事件的直接原因：施工单位GS管沟施工后，脚手架钢管、模板等杂物遗留现场；SEC泵组调试试验前，未对3GS沟进行检查，导致未及时发现问题。

事件的根本原因：施工管理不到位，未做到“工完场清”；系统移交过程控制不到位，在SEC系统安全竣工状态报告（EESR）移交联检过程中，未对 GS 沟进行全面检查；SEC 泵组调试试验规程不完善，泵启动前检查项目中，未包含检查 GS 沟的内容。

处理措施：现场开启不符合项，对受损设备采取维修或更换处理方式进行处理；对施工单位进行经验反馈，加强施工过程控制和监督，严格按要求做到“工完场清”；加强 EESR 移交管理，升版竣工报告和移交相关程序，明确职责，并进行宣贯；完善调试规程，在启动泵前检查项目中明确增加检查 GS 沟；加强监理公司监理人员经验反馈，严格按照要求开展监理过程审查和签字活动。

3）昌江核电厂 1 号机组联合泵房水淹事件

2015 年 7 月 21 日，昌江核电厂 1 号机组处于首次装料前准备阶段，在更换紧固件施工过程中，工作票要求作业范围为重要厂用水系统泵出口下游区域，不得对泵上游管道的存水区域进行施工，而施工人员在监理人员未到场的情况下，对工作票范围以外的泵上游存水管道法兰紧固件进行更换作业。更换时，管道内海水冲出法兰流入联合泵房（PX111）房间，最终导致消防水生产系统消防水泵组、循环水过滤系统反冲洗泵组及标高较低的机柜、电缆和仪表等多物项被淹受损。

事件的直接原因：工作负责人和作业人员违规操作，未按照工作票要求实施紧固件的更换工作。

事件的根本原因：现场施工人员违规操作，在未按照流程办理工作票的情况下开始作业；施工管理不到位，隔离经理未按要求将工作注意事项直接传达至工作负责人；监理工作安排不到位，未针对紧固件更换操作安排专项监理。

处理措施：对受损设备采取维修或更换的方式进行处理；对作业人员开展培训，强化工作票管理，明确申请、领取及归还过程管理要求并严格执行。同时，加强施工过程监督管理工作。

4）昌江核电厂 1 号机组储罐房间和泵组房间水淹事件

2015 年 8 月 5 日，昌江核电厂 1 号机组处于首次装料前准备阶段，当晚现场突降暴雨，雨水沿核辅助厂房楼梯、雨水管接口、未封堵的孔洞进入，其中废液处理系统储罐房间和泵组房间水深数米，废液处理系统化学排水泵组、蒸发器供料泵组以及44台电气仪表、开关等物项被淹受损。

事件的直接原因：核辅助厂房雨水管排水末端因试验被盲板封住，屋面积水沿楼梯间及雨水管接口进入核辅助厂房；部分厂房防水封堵尚未完成，雨水沿孔洞进入地势较低厂房；个别通信井设计标高偏低与地面平齐。

事件的根本原因：施工过程中的试验方案不完善及审核把关不严，未及时发现试验过程中的风险；现场施工管理不到位，未按要求完成厂房防水封堵；应急体系不完善，未及时预警并组织现场排查和抽水工作；设计考虑不周，个别通讯井设计标高与地面平齐。

处理措施：对受损设备采取维修或更换的方式进行处理；对厂房防水淹封堵等各项措施落实情况进行了排查、整改；对核岛厂房进行防水封堵；完善应急体系，加强恶劣天气下的巡检和隐患排除工作。

5）红沿河核电厂4号机组循环水系统水淹问题

2015年12月10日，红沿河核电厂4号机组在调试期间，进行重要厂用水系统（SEC）排水时，因设备故障、现场操作人员未及时停止排水及排水流道设计不合理等原因，导致循环水系统泵齿轮箱和下部轴承被淹受损。

问题的直接原因：疏水坑临时泵工作异常无法正常排水，导致积水从溢流管线反流入循环水系统泵齿轮箱所在泵坑，造成设备被淹受损；主控人员发现循环水系统泵盘根处液位高报警后，未能及时停止排水操作，查找原因。

问题的根本原因：对重要厂用水系统排水工作风险分析不足，临时排水装置控制措施不完善；排水路径设计不合理，电厂污水系统与循环水系统间溢流管线存在逆流倒灌风险。

处理措施：对故障排水泵进行了返修处理；组织设计单位评估管线改造可行性；加强培训，提高人员风险分析能力。

(7) 核电厂常规岛设备问题造成停机停堆事件

2015 年 4 月 7 日，宁德核电厂 3 号机组处于功率试运行阶段。在执行 50%功率平台跳机不跳堆试验时，汽轮机打闸后因轴瓦振动高，人为破坏凝汽器真空，触发凝汽器故障信号，叠加反应堆功率大于 10%信号，导致反应堆自动停堆。

2015 年 5 月 15 日，阳江核电厂 2 号机组处于 168 小时满功率试运行阶段。由于发电机励磁机故障及失磁保护动作设计缺陷，发电机失步保护动作，跳开主变高压侧开关，主变失电，触发主泵转速低低信号，同时叠加反应堆功率大于 10%信号，导致反应堆自动停堆。

10 月 21 日，福清核电厂 2 号机组处于正常满功率运行状态，机组励磁系统故障报警，汽轮发电机组跳闸。汽轮发电机组跳闸后运行人员执行相关规程以稳定机组状态过程中，3 台蒸汽发生器液位持续上涨至高高水位，叠加反应堆功率大于 10%信号，导致反应堆自动停堆。

10 月 25 日，防城港核电厂 1 号机组处于低功率运行模式，在首次并网试验时，由于并网信号继电器工作电压不足，自动稳压器 (AVR) 无法收到并网信号，励磁机过励磁保护定值未能从空载定值跳转至并网保护定值，以至于在励磁电流增加过程中，AVR 过励保护动作，跳开励磁开关，发电机失磁保护动作，导致汽轮发电机组跳机。

11 月 16 日，昌江核电厂 1 号机组处于功率运行阶段。在执行 30%功率平台停机不停堆试验时，因数字化仪控制系统数字量输入卡件采样周期和汽轮机保护系统相关逻辑模块处理时间设置过长，造成汽轮机旁路系统可用信号产生时间超过 1 秒，同时叠加反应堆功率大于 30%和汽轮机旁路系统不可用信号，导致反应堆自动停堆。

12 月 9 日，阳江核电厂 3 号机组处于满功率试运行阶段。在执行 100%功率平台发电机甩负荷至厂用电试验时，2 号低压缸 1 号调节汽门未能正确响应关闭，卡在 98.4%开度位置，汽轮机超速保护动作，发电机出口断路器跳闸，机组丧失主电源，触发主泵转速低低和 P7 信号，导致反应堆自动停堆。

事件的原因包括汽轮机轴瓦振动高、发电机励磁机故障、励磁机失磁保护动作设计缺陷、并网信号继电器工作电压不足、数字化仪控制系统采样周期和逻辑模块处理时间设置不合理、调节汽门故障等。

处理措施：各营运单位已根据事件特点针对性地采取优化应急预案参数设置、更换或维修故障设备、设计澄清或变更等方式进行了妥善处理。

鉴于近期核电厂常规岛设备故障引起反应堆保护系统动作，导致的停机停堆事件多次发生，各营运单位应加强对常规岛设备的重视程度，积极开展经验反馈工作，完善预案和防控措施，避免类似问题重发。

(8) 昌江、福清核电厂反应堆压力容器役前检查超标缺陷事件

2015 年 9 月 26 日，昌江核电厂 2 号机组役前超声检测发现反应堆压力容器筒体与进出口接管的 3 个马鞍形焊缝中存在 7 处缺陷显示，经判定为超标缺陷。其中 6 处体积型缺陷，1 处为平面型缺陷，位置均位于焊缝加强高内。

11 月 2 日，福清核电厂 3 号机组役前检查发现，在反应堆压力容器出口接管与安全端连接焊缝存在两处间距为11 mm夹渣缺陷，经判定为组合超标缺陷。

事件的直接原因：施焊过程中焊道清理及检查不到位，导致焊渣残留在焊缝中；焊接工艺技术交底不充分，未及时识别焊接缺陷风险。

事件的根本原因：制造过程控制不严，焊工施焊过程操作不规范；制造阶段未结合待检部位结构的复杂程度制定针对性的无损检验程序；制造阶段和役前无损检验方式存在差异，致使出厂前未及时识别出超标缺陷。

处理措施：营运单位根据前期类似缺陷的处理经验，在对缺陷位

置、大小进行分析后，制定了返修方案，均采取缺陷打磨去除结合力学分析评估的方式进行处理。同时，进一步加强经验反馈工作，避免类似问题重发。

(9) 防城港核电厂 1 号机组安全注入系统管线焊缝开裂事件

2015 年 9 月 15 日，防城港核电厂 1 号机组在启动安全注入系统 (RIS) 的低压安注泵进行低压安注管线死管段排气时，发现出口安全阀管段与低压安注管线主管道连接处焊缝开裂。根据运行技术规范要求，现场记录一列低压安注泵不可用的第一组 I0，运行技术规范要求在 3 天内机组开始向维修停堆模式 (MCS) 后撤。营运单位两次重新焊接，但仍未解决该问题，操纵员在第 69 小时开始进行机组后撤至 MCS 模式的操作。

事件的直接原因：焊接残余应力较大导致在管道振动环境下焊接熔合位置疲劳断裂。另外，小流量启泵运行时存在振动、启泵瞬间水流冲击高、焊缝附近母管壁厚偏薄也是事件的促成因素。

事件的根本原因：现场焊接操作过程存在薄弱环节，造成焊缝焊接后结构残余应力较大；核安全文化重视程度不够，在第一组 I0 存在的情况下，未及时后撤机组状态，存在超时风险。

处理措施：更换出口安全阀所在管段，重新实施焊接操作，并进行射线和超声波检验，结果合格；重新评价出口安全阀所在管段相关试验的有效性，试验结果有效；加强核安全文化宣贯，杜绝违规操作。

(10) 宁德核电厂东护岸沉降问题

宁德核电厂东护岸工程位于厂区东部，由南向北呈线形分段布置，北起排水口南至跳尾岛，全长约1 133 m，堤顶地面设计标高为 10 m。

为监测东护岸场地及胸墙施工期沉降量，营运单位在东护岸共设置了12 个沉降观测点，监测起始时间为 2007 年 7 月月初，到 2011 年 10 月对完工已逾 3 年的胸墙顶高程进行了复测。结果显示，胸墙顶标高与设计标高存在偏差。

经分析认为，东护岸及胸墙的沉降变形，含施工期护岸堤体固结沉降及下卧层沉降，沉降量较大，但沉淀曲线已呈现收敛稳定的趋势。营运单位根据分析结论提出了胸墙找平方案，即在“补平”已有沉降的基础上，根据沉降量预测再预留后期沉降余量。

问题的直接原因：护岸填石体及下卧土层固结沉降特性所致。土体下部砂层下存在第二海相沉积层，在护岸堆填荷载作用下产生沉降。

问题的根本原因：根据规范要求，斜坡堤胸墙应在抛石堤身和地基沉降基本完成后施工。但工程上考虑到防台需要，东护岸胸墙作为工程防台的重要工程措施之一，提前在沉降稳定（间隔较长时间）之前开始施工，设计考虑有找平层措施。由于厂址条件的特殊性，实际沉降量较大，根据未完全达到沉降稳定的观测数据，实际沉降量超过预留值，导致出现不满足设计标高问题。

处理措施：经专家咨询，目前东护岸结构稳定，沉降收敛，且呈进一步减小趋势，具备竣工验收条件；根据沉降数据分析及预测，预留沉降值可包络设计标高。审评人员认为，东护岸沉降速率虽然在逐步减小，仍有一定的沉降预期，且最大沉降点的标高仅超过设计标高约 10 cm，需要持续监测。

(11) 福清核电厂 1 号机组控制棒抓具钢丝绳断裂事件

2015 年 11 月 8 日，福清核电厂 1 号机组 101 大修阶段，营运单位在按计划进行乏燃料水池燃料组件倒换过程中，当控制棒组件插入燃料组件约80 cm时，控制棒抓具钢丝绳断裂，控制棒连同抓具头一起在 30 ℃常压静水中自由下落，控制棒组件掉入燃料组件中。

事件的直接原因：在操作过程中，当抓具抓头在高位时，钢丝绳受到横向剪切力最大，导致钢丝绳脱落出导向轮；由于两个导向轮间隙较小，钢丝绳被两个导向轮咬断。

事件的根本原因：抓具结构设计不合理，未考虑在抓具行程的起始和末端，钢丝绳所受的剪切力以及两个间隙较小的导向轮之间的咬合力。

处理措施：设计单位对事件进行分析，此次落棒发生时的环境、高度和重量均小于参考落棒试验，分析表明产生的冲击力小于参考试验值，且均小于分析的热态最大冲击力，不会造成燃料组件及控制棒损伤。现场对燃料组件、控制棒组件和配插的控制棒组件星形架进行了外观检查，未发现损伤。维修人员在更换钢丝绳并验证正常后完成相关组件倒换工作。对控制棒抓具进行改造，并对燃料操作相关规程进行升版。

4. 国家核安全局关于近期海洋生物或异物影响核电厂取水安全事件的通报

2016 年 5 月 5 日，国家核安全局通报了近期海洋生物或异物影响核电厂取水安全事件。通报中指出，近期，我国核电厂发生了数起由于海洋生物或海洋异物堵塞取水系统从而影响取水安全的事件。海洋生物或异物的堵塞可能导致机组的降功率乃至停堆，严重时甚至可能会对最终热阱的可用性构成威胁，需引起高度重视。国家核安全局组织了相关调研，发现此类事件国内外都曾多次发生，而且近年来有增多趋势。分析表明，此类事件发生的原因是多样的，有对海洋环境背景了解不充分的问题，有取水和过滤系统的设计问题，也有近些年海洋富氧化等原因产生的未曾预计的问题。将近年来发生的一些典型事件印发给你们。为做好类似事件的应对工作，国家核安全局对各核电厂营运单位提出建议：

高度重视海洋生物或异物对海水系统特别是安全重要厂用水系统的影响，结合有关案例，分析自身可能存在的问题；与有关单位合作，努力掌握海洋生物或异物的产生和运动规律，建立预警和预防机制；对取水和过滤系统可能存在的设计或建设问题加以改进，增强抵御海洋生物或异物的能力；定期对取水构筑物、系统和设备进行检查，做好日常维护、清理和清淤等工作；完善应对海洋生物或异物堵塞取水系统的应对预案并加强演练，重点要放在保证安全重要厂用水系统的功能上。

第四章 辐射防护知识

4.1 辐射基础知识

4.1.1 辐射

以电磁波或高速粒子的形式向周围空间或物质发射并在其中传播的能量统称为辐射。

辐射分为电离辐射与非电离辐射两类。拥有足够高能量的辐射，会直接地或间接地使物质的原子发生电离，这种能产生电离的辐射称为电离辐射，也可称为核辐射；非电离辐射指低能电磁波，也称为电磁辐射，其能量较低，不能使原子电离，与电离辐射有着很大的区别。

电离辐射通常源自于放射性物质，但也可来自电子加速器、X射线机等产生射线的装置。能自发放出射线的物质就叫做放射性物质，这种自发放出射线的性质叫放射性。

4.1.2 辐射来源

物质都由分子组成，分子由不同的原子组成，原子又由原子核和核外电子组成。原子核中具有一定的质子数和中子数的原子就是同一种核素；如果原子的质子数相同，但中子数不同的话，这些原子核互为同位素。同位素属于同一种元素，化学性质完全相同，例如，氢有^{1}H（氢）、^{2}H（氘）、^{3}H（氚）3种原子，就是3种核素，它们的原子核中都只有1个质子，但分别有0、1、2个中子，这3种核素互称为同位素。当原子核的中子、质子在一定比例范围内，原子核是稳定的

(如^1H、^2H)，超过一定的比例，则原子核变得不稳定（如^3H)。世界上有一百多种元素，核素则高达上千种，他们当中大部分是不稳定核素。不稳定核素能自发地转变成另一种核素，并发射出某些粒子，这种核素称为放射性核素，这个转变过程称为放射性衰变。

1. 生活中的辐射源

(1) 天然放射性

在我们生存的环境中，辐射无处不在。人类生存所必需的来自太阳的光和热就是由核反应产生的辐射。从广义来讲，辐射指的是能量在空间传播的过程。自然环境中本来就存在着各种各样的放射性物质，而天然放射性也早已为人类所适应。

天然放射性主要来自宇宙射线、宇生放射性核素和原生放射性核素。宇生放射性核素是宇宙射线与大气相互作用产生的，而原生放射性核素则是从地球形成开始，迄今为止还存在于地壳中的那些放射性核素。

(2) 宇宙射线

宇宙射线主要是来自外太空的能量很高的粒子，它以基本恒定的数量进入地球大气层。当宇宙射线穿过大气层的时候，会与大气发生复杂的反应并逐渐被吸收，使得剂量率随着海拔高度的升高而增加。

(3) 天然放射性核素

宇生放射性核素和原生放射性核素都是天然放射性核素，其种类很多，性质与状态也各不相同。它们在环境中的分布十分广泛，在岩石、土壤、空气、水、动植物、建筑材料、食品甚至人体内都有天然放射性核素的踪迹。地壳是天然放射性核素尤其是原生放射性核素的重要贮存库，地壳中的放射性物质主要为铀系、钍系和钾-40。空气中的天然放射性核素主要有地表释入大气中的氡-222及其子体核素，动植物食品中的天然放射性核素大多数是钾-40。

存在于岩石和土壤中的放射性物质由于地下水的浸滤作用而析出，这是地下水中天然放射性核素的主要来源。此外，黏附于地表颗粒土壤上的放射性核素在风力的作用下可转变成尘埃或气溶胶，从而转入到大气并进一步迁移到植物或动物体内。土壤中的某些可溶性放射性核素被植物根部吸收后，继而输送到可食部分，接着再被食草动物采食，然后转移到食肉动物体内，最终成为食品中和人体中放射性核素的重要来源之一。

（4）氡的内照射

氡气是特别重要的一种天然辐射来源。氡的直接衰变产物是半衰期较短的放射性核素，它们能附着在空气中的微粒上，被人吸入以后所产生的α粒子就会照射肺部的组织，从而增加肺癌的风险。氡气主要从土壤中穿过地板进入建筑物，在封闭的空间里，放射性浓度会逐渐增加。如果房屋通风良好，氡气的积累就不会很明显。

（5）本底辐射水平

本底辐射水平指的是天然存在的放射性辐射量，表 15 是国家环境保护部公布的我国一些主要城市某天空气中的剂量率水平。

表 15　我国一些城市某天空气中的剂量率水平

单位：nGy/h

地点	北京市	哈尔滨市	济南市	上海市	广州市
测值范围	75.1～76.5	75.0～78.6	82.4～84.4	89.3～103.7	105.3～107.0
地点	乌鲁木齐市	兰州市	西宁市	拉萨市	昆明市
测值范围	79.4～85.9	95.3～97.4	116.8～122.6	191.4～201.6	95.4～108.9

（6）天然放射性所致剂量

对于公众受到天然照射的辐射剂量，联合国原子辐射效应科学委员会（UNSCEAR）2008 年出版的调查结果如图 53 所示。

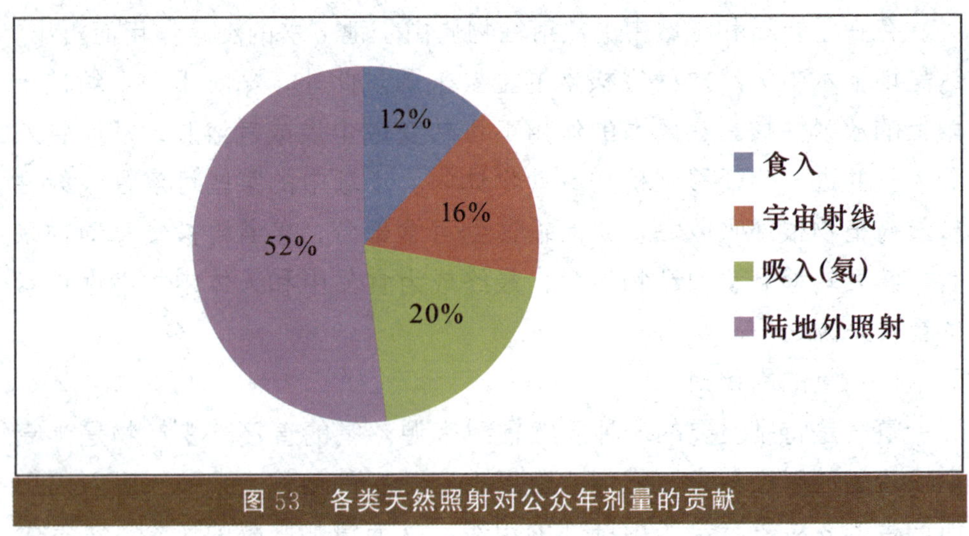

图 53 各类天然照射对公众年剂量的贡献

全世界公众受到天然照射的人均年有效剂量大约为 2.42 mSv，不同途径天然放射性对剂量的贡献见表 16（UNSCEAR）。其中，由氡衰变产物引起的全球平均年有效剂量估计值大约是 1.26 mSv，但不同地区的具体值偏离平均值较大。在有些国家（例如芬兰），全国平均值是此值的好几倍。

表 16 天然放射性的不同来源

源	全球平均剂量/mSv	典型的剂量范围/mSv
吸入（氡）	1.26	0.2～10.0
食　入	0.29	0.2～1.0
宇宙射线	0.39	0.3～1.0
陆地外照射	0.48	0.3～1.0
合　计	2.42	1.0～13.0

根据现有资料，我国居民由于天然放射性所受到的年有效剂量约为2.4 mSv，大体上与世界水平相同。

2. 公众受到的人工放射性

由于放射性在医学上的应用，核武器试验以及核能利用等原因，人们除受到天然放射性的照射外，还会受到人工辐射源的照射。人工放射性照射主要来自医疗照射、公众照射和职业照射三个方面。

(1) 医疗照射

公众受到的人工放射性主要来自医疗照射。医疗照射指接受治疗或诊断时患者或被检查者所受到的照射，主要包括放射性诊断、放射性治疗和放射性同位素在医学中的应用三种类型。医学中所应用的辐射种类很多，有医用诊断 X 射线、牙科 X 射线、核医学、放射治疗、介入放射、CT 扫描等等。

1) 放射性诊断

据估计，公众由于使用 X 射线进行放射性诊断而受到的照射占医疗照射的 75%～90%。放射性诊断包括透视、拍片、荧光检查和 CT 检查等诊断方法。常见的放射诊断方法所致剂量水平如表 17 所示。

表 17 常见的放射诊断方法所致剂量水平

诊断方法	剂量水平
胸 透	0.5～1 mSv
拍 片	头 3～5 mSv；胸 0.4～1.5 mSv； 腰椎 10～40 mSv；胸椎 7～20 mSv
荧光检查	正常 25 mSv/min；高水平 100 mSv/min
计算机断层扫描	腹 25 mSv；腰椎 35 mSv；头 50 mSv

2) 放射性治疗

放射性治疗采用特殊设备产生的高剂量射线照射癌变的肿瘤，杀死或破坏癌细胞，抑制它们的生长、繁殖和扩散。虽然一些正常细胞也会受到破坏，但是大多数都会恢复。与化疗不同的是，放射性治疗只会影响肿瘤及其周围部位，不会影响全身。

利用放射性照射来治疗肿瘤等疾病已广泛地应用在医疗界，尽管在某些治疗中患者可能受到大剂量的照射，但实际上接受放射性治疗的还是少数人。在大多数国家，放射性治疗对群体产生的人均剂量远低于放射性诊断。

3）放射性同位素在医学中的应用

放射性同位素在医学中可用于跟踪人体内化学物质的转移途径和部位。因为放射性同位素与同一元素的稳定同位素，在化学性质上是相同的，所以它们在人体内经过的途径和富集的程度也是相同的。

医疗照射给人类造成的剂量负担人均年有效剂量为 0.4～1.0 mSv，随着人类生活水平和医疗水平的提高，其应用频率呈增长趋势。

（2）公众照射

公众照射是指由于工业生产、科学研究等活动导致公众接受的照射和公众本身家居生活、出外旅行等所接受的照射。

1）核工业产生的公众照射

核能工业的发展，导致了放射性废物量不断增加，连续地将低水平的放射性废物排放到环境中，可能引起人类环境本底辐射水平的提高。

核工业产生的公众照射主要是排放放射性“三废”和由事故释放出的放射性核素所造成的污染。据联合国原子辐射效应科学委员会（UNSCEAR）统计，1956—1990 年由核工业产生的累积集体剂量也仅为世界居民一年内所受天然辐射产生的集体剂量的 1/10。

2）核试验沉降物产生的公众照射

核试验“沉降物”，又叫“落下灰”，这个术语应用于核爆炸引起的沉降到地球表面上的放射性灰状物。核试验沉降物是人工辐射源，

它将增加人类环境的本底辐射水平。

1945—1989年，全世界共进行了1 799次核武器实验，美国921次，苏联624次，二者实验占总数的89%。其中大气层实验483次，爆炸的总能量相当于42 000个美国在广岛投的原子弹。根据联合国原子辐射效应科学委员会（UNSCEAR）2008年公布的统计结果，大气核武器试验对公众造成的人均年有效剂量为0.005 mSv，远低于公众所受到的天然照射。

日常生活可接触的消费品放射源如：夜光表、烟雾警报器、机场X线检查机等，这些放射源对人类的照射剂量很小，可以忽略。

我国国家标准规定，人工放射性使公众所受到的年平均剂量估计值不应超过1 mSv的限值。

3. 工作人员受到的职业照射

职业照射是指工作人员在其工作过程中所受到的所有照射。许多行业都有职业照射问题。除核工业外，制造与服务行业、国防领域、研究机构及大学中也常常使用人工辐射源，相关工作人员也可能受到职业照射。有些工作人员也受到来自工作环境中天然辐射源的照射，例如：工人们在矿井以及氡水平较高地区受到氡的照射；客机机组人员由于飞行高度较高受到的宇宙射线照射。

表18是联合国原子辐射效应科学委员会（UNSCEAR）公布的不同职业的平均年有效剂量。

表 18　不同职业的平均年有效剂量

来　源			剂量/mSv
人工来源	核工业	铀矿开采	4.5
		铀水冶	3.3
		富集	0.1
		燃料制造	1.0
		核反应堆	1.4
		后处理	1.5
	医疗用途	放射科	0.5
		牙科	0.06
		核医学	0.8
		放射治疗	0.6
	工业来源	辐照	0.1
		射线照相	1.6
		同位素生产	1.9
		测井	0.4
		加速器	1.8
		放射性物质致发光	1.4
天然来源	氡	煤矿	0.7
		金属矿	2.7
		地上建筑物	4.8
	宇宙射线	民航空勤人员	3.0

我国国家标准规定，实践中应对所有工作人员的职业照射水平进行控制，使之连续 5 年的年平均有效剂量不超过 20 mSv。

4.2　辐射防护

所谓的辐射防护，是指保护人类和环境免受辐射伤害的一门应用

学科，有时也指用于保护人类和环境免受或少受辐射危害的要求、措施、手段和方法。

人类在生产和生活中应用了一些能产生辐射照射的活动，那么我们就必须既要允许这些能产生辐射照射的实践活动的合理开展，又要保护从事放射性的工作者、公众、他们的后代以及环境免受或少受辐射的危害，这也是我们进行辐射防护的根本目的和出发点。

为了达到辐射防护的目的，辐射防护必须遵循辐射实践正当化、辐射防护最优化和限制个人当量剂量三项基本原则。

辐射实践的正当性就是要得大于失、利大于弊，只有在考虑了社会、经济和其他有关因素之后，辐射实践活动对受照个人或社会所带来的利益足以弥补其可能引起的危害时，才能认为开展该项辐射实践活动是正当的。

在实施某项辐射实践的过程中，可能有几个方案可供选择，在对这几个方案进行选择时，应当运用最优化程序，也就是在考虑了经济和社会因素之后，个人受照剂量的大小、受照射的人数以及受照射的可能性均保持在可合理达到的尽可能低的水平（As Low As Reasonably Achievable，ALARA），这就是辐射防护最优化原则，也称为ALARA原则。

在实践活动中，还必须用剂量当量限值对个人所受照射加以限制，以保证个人所受到的剂量不超过国家规定的限值。根据国标《电离辐射防护与辐射源安全基本标准》(GB 18871—2002）的规定，公众的当量剂量限值为年有效剂量不超过1 mSv；特殊情况下，如果连续5年的年平均剂量不超过1 mSv，则某一年可提高到5 mSv；放射性工作人员职业照射水平限值为连续5年的年平均有效剂量不超过20 mSv；5年中的任何一年的有效剂量不超过50 mSv；对于个人单个器官，当量剂量限值为眼晶体一年不得超过150 mSv，皮肤和四肢（手和脚）一年不得超过500 mSv。

4.2.1 外照射的防护

外照射对个人所造成的剂量取决于照射的时间、与辐射源的距离和屏蔽的程度。相应，降低外照射的方法主要有：

(1) 减少在放射源附近工作的时间，即时间防护法；

(2) 增大你自身和放射源之间的距离，即距离防护法；

(3) 在你和放射源之间添置屏蔽，即屏蔽防护法；

(4) 放射源衰变到一定的程度后再接近它，即源项控制法。

特别地，对于屏蔽物材料的选择，应根据辐射源的类型进行。一般说来，屏蔽γ射线要用密度较大的物质，如铅、铁、混凝土、铅玻璃等；屏蔽中子则要先用原子序数较小的物质，最好是含氢（H）较多的物质，如水、石腊、塑料、石墨等，然后再用吸收中子能力强的物质，如硼、锂、镉等。

4.2.2 内照射的防护

放射性物质主要有三种途径进入人体，分别是食入、吸入和皮肤渗入（完好的或伤口）。

(1) 食入：主要是饮料、食品等污染后，通过进食进入体内；被放射性物质沾污的手触摸口角、嘴唇等导致进入口腔。

(2) 吸入：呼吸被污染的放射性的气体和气溶胶。

(3) 皮肤：完好的皮肤是一个可以防止大部分放射性物质进入体内的有效天然屏障，但是，有些放射性蒸气或液体能渗透完好的皮肤而被吸收。当皮肤有伤口时，放射性物质就可通过伤口直接进入人体。

放射性物质进入人体后，只有通过放射性物质自然衰变和人体的生理排泄（如呼气、大小便、出汗等）逐步减少。因此内照射的防护关键在于防止和减少放射性物质进入体内。

就个人防护而言，我们需及时监测、甄别和清晰了解有内照射风险的区域，尽量避免进入。若确需进入进行工作和操作时，我们需正确使用各类个人防护用具，如工作服、口罩、手套、呼吸保护装置等，并严格遵守规章制度。

第五章　应急知识

5.1　国家和地方应急组织

我国核应急实行国家统一领导、综合协调、分级负责、属地管理为主的管理体制。全国核应急管理工作由国务院指定部门牵头负责。核设施所在地的省（区、市）人民政府指定部门负责本行政区域内的核应急管理工作。核设施营运单位及其上级主管部门（单位）负责场内核应急管理工作。

5.1.1　国家核应急组织

国家核事故应急协调委员会负责组织协调全国核事故应急准备和应急处置工作。国家核应急协调委主任委员由工业和信息化部部长担任。国家核事故应急协调委员会下设办事机构（或称办公室）、专家咨询组并建立核应急支援力量。日常工作由国家核事故应急办公室（以下简称国家核应急办）承担。必要时，成立国家核事故应急指挥部，统一领导、组织、协调全国的核事故应对工作。指挥部总指挥由国务院领导同志担任。视情成立前方工作组，在国家核事故应急指挥部的领导下开展工作。

国家核应急协调委设立专家委员会，由核工程与核技术、核安全、辐射监测、辐射防护、环境保护、交通运输、医学、气象学、海洋学、应急管理、公共宣传等方面专家组成，为国家核应急工作重大决策和重要规划以及核事故应对工作提供咨询和建议。专家委员会在国家核事故应急协调委员会领导和核应急办事机构具体组织下进行工作。

国家核事故应急力量主要由国家有关部门、各个大集团和人民军队所属的辐射监测、去污、工程抢险、消防防火、放射医学救治以及交通运输等单位的力量组成。

国家核应急协调委员会设立联络员组，由成员单位司、处级和核设施营运单位所属集团公司（院）负责同志组成，承担国家核应急协调委交办的事项。

设立国家核应急专业技术支持中心。建设辐射监测、辐射防护、航空监测、医学救援、海洋辐射监测、气象监测预报、辅助决策、响应行动等8类国家级核应急专业技术支持中心以及3个国家级核应急培训基地，基本形成专业齐全、功能完备、支撑有效的核应急技术支持和培训体系。

1. 国家核事故应急协调委员会

国家核事故应急协调委员会统一领导全国的核事故应急准备和响应工作，其主要职责是：

（1）制订并执行国家核事故应急工作的政策；

（2）统一领导、协调有关部门、人民军队、地方政府和核电厂（或放射性或其他因素潜在危险较大的某些核设施）营运单位的核应急工作；

（3）组织制订、修改和实施国家核事故应急计划，审批地方核事故应急委员会编制的核电厂（或放射性或其他因素潜在危险较大的某些核设施）场外应急计划；

（4）适时批准进入或终止核事故场外应急状态；

（5）必要时直接指挥核事故应急响应行动；

（6）及时审查批准核事故公告、国际核通报，并在必要时负责请求国际支援。

国家核事故应急协调委员会及其所属核应急组织相互之间的关系

如图 54、图 55 所示。

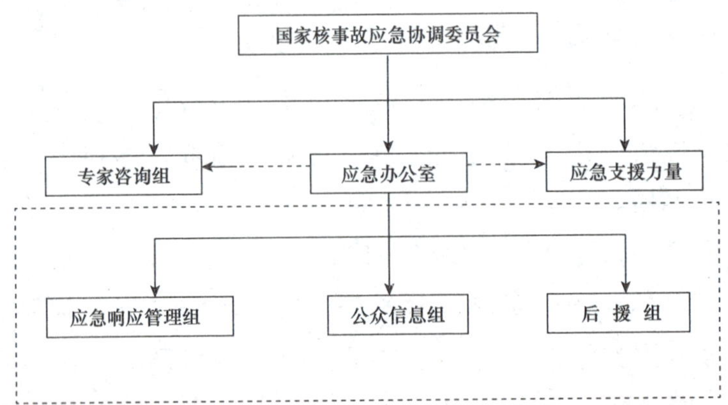

图 54　国家核事故应急协调委员会及其直属核应急部门间的相互关系

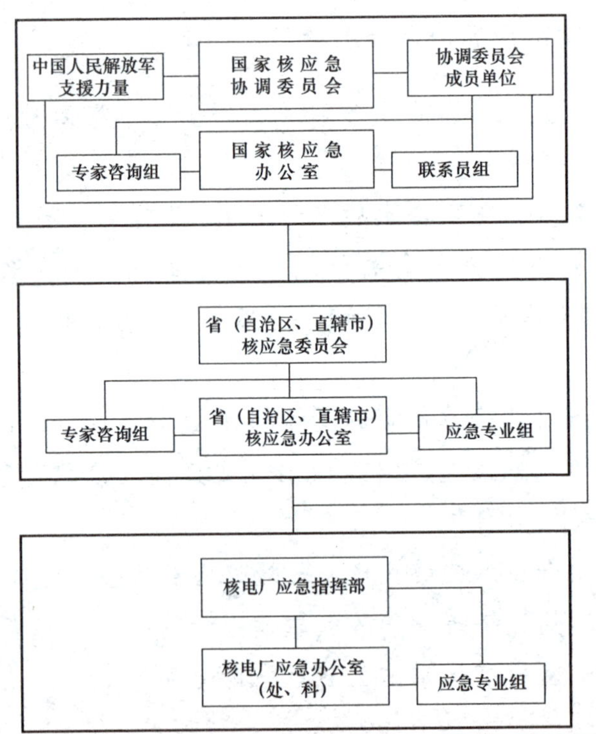

图 55　国家三级核应急组织间的相互关系

2. 国家核事故应急协调委员会办事机构

国家核事故应急协调委员会办事机构的工作直接对国家核事故应急协调委员会负责，在核应急准备与响应中的基本任务是：

(1) 授权检查、督促和协调国家有关部门、地方和核电厂（或放射性或其他因素潜在危险较大的某些核设施）营运单位的核应急准备工作；

(2) 授权指导、协调地方和核电厂（或放射性或其他因素潜在危险较大的某些核设施）营运单位编制核应急计划，并组织审查；

(3) 编制、修改国家核应急计划，经有关领导批准后组织实施；

(4) 授权负责与国家核事故应急协调委员会成员单位之间的联系和协作，并组织联络组的活动；

(5) 及时收集、分析核事故情况，并负责向国家核事故应急协调委员会报告和提出处置意见；

(6) 根据国家核事故应急协调委员会的决定和指示，及时向有关部门和单位发出核应急响应行动的指令，并随时检查其执行情况；

(7) 认真组织专家咨询组进行工作，并协调其行动；

(8) 及时起草、拟定或编制核事故情况报告、核通报或核新闻公报，经批准后及时发送、发布；

(9) 妥善提出可能涉外事宜处置的建议，经批准后及时处理；

(10) 负责组织核事故后的总结工作、拟制总结报告；

(11) 随时安排国家核事故应急协调委员会领导或工作组赴现场处理核事故时的一切事项；

(12) 并负责承办好国家核事故应急协调委员会所赋予的其他任务。

3. 国家核事故应急协调委员会专家委员会

国家核事故应急协调委员会专家委员会的主要任务是：

（1）在平时，针对核事故应急管理工作的重要问题进行研究和提出建议，并在必要时参加国家核事故应急委员办事机构统一组织的专题研究；

（2）在发生核事故时，负责研究、分析核事故情况和发展趋势，提出有关核应急响应的建议，以供国家核事故应急委员会决策参考。

4. 国家核事故应急支援力量

国家核事故应急支援力量的主要任务是：

（1）全力支援地方和核电厂（或放射性或其他因素潜在危险较大的某些核设施）核应急组织实施辐射监测、去污、工程抢险和对以重度放射损伤为主的伤病员的医疗救治；

（2）紧急输送国家核事故应急委员领导或工作组赶赴核应急响应指挥地区；

（3）紧急后运重度及重度以上的放射损伤疾病员；

（4）紧急调运核应急物资、器材等。

5.1.2 地方核应急组织

省级人民政府根据有关规定和工作需要成立省（自治区、直辖市）核应急委员会（以下简称省核应急委），由有关职能部门、相关市县、核设施营运单位的负责同志组成，负责本行政区域核事故应急准备与应急处置工作，统一指挥本行政区域核事故场外应急响应行动。省核应急委员会设立专家组，提供决策咨询；设立省核事故应急办公室（以下称省核应急办），承担省核应急委员会的日常工作。

未成立核应急委员会的省级人民政府指定部门负责本行政区域核事故应急准备与应急处置工作。

必要时，由省级人民政府直接领导、组织、协调本行政区域场外核应急工作，支援核事故场内核应急响应行动。

1. 地方核事故应急委员会

地方核事故应急委员会的主要职责是：

（1）坚决执行国家核事故应急工作的法律、法规和政策；

（2）认真组织制订核事故场外应急计划，且做好核应急准备工作；

（3）实施统一指挥核事故场外核应急响应行动；

（4）及时支援核电厂（或放射性或其他因素潜在危险较大的某些核设施）营运单位的核应急响应行动；

（5）适时向相邻的省（自治区、直辖市）通报核事故情况。

2. 地方核事故应急委员会办公室

地方核事故应急委员会办公室（或其他名称），是地方核事故应急委员会的办事机构，主要任务是：

（1）拟写或编制核事故场外应急计划；

（2）检查、督导、协调各有关部门的核应急准备工作；

（3）收集和分析核事故应急情况，并及时提出处置建议；

（4）及时下达核应急响应指令，检查执行情况等。

地方核事故应急委员会及其所属核应急组织框图如图 56、图 57 所示。

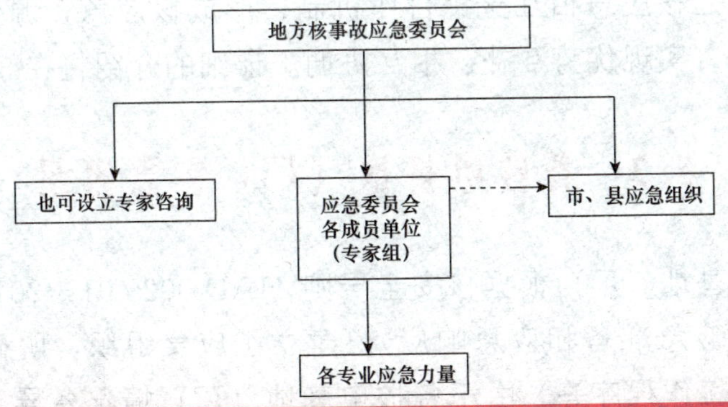

图 56　地方核事故应急委员会及其所属核应急组织

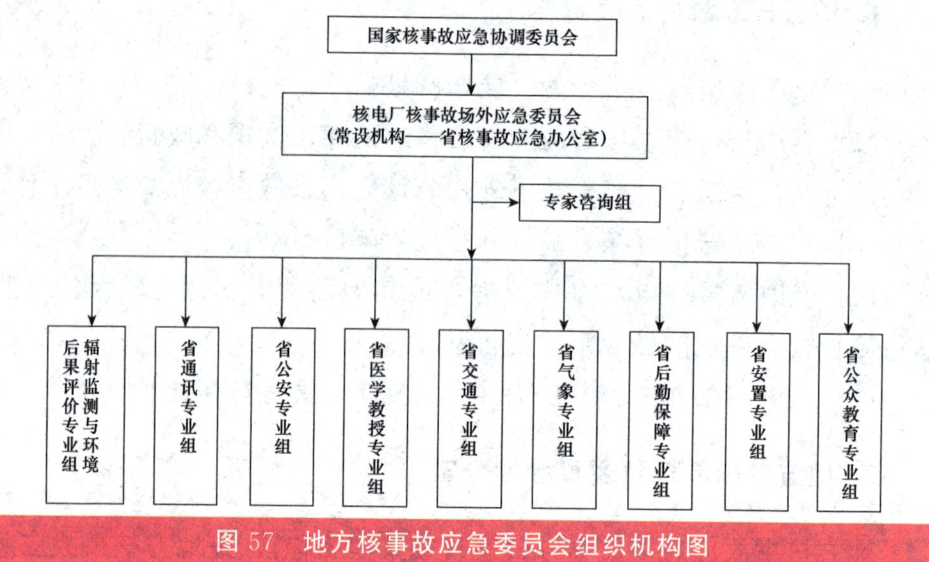

图 57　地方核事故应急委员会组织机构图

5.1.3　核电厂核应急组织

中国各核设施营运单位均建立相关的核应急设施及力量，包括应急指挥中心、应急通讯设施、应急监测和后果评价设施；配备应对处置紧急情况的应急电源等急需装备、设备和仪器；组建辐射监测、事故控制、去污洗消等场内核应急救援队伍。核设施营运单位所属涉核集团之间建立核应急相互支援合作机制，形成核应急资源储备和调配等支援能力，实现优势互补、相互协调。详细的介绍将在 5.2 节展开。

5.2　各核电基地（厂）应急组织

各核电基地（厂）根据核安全导则 HAD 002/01—2010《核电厂营运单位的应急准备和应急响应》，建立了应急组织，明确了工作职责，设定了工作程序等。由于各核电基地（厂）情况各异，现究其基本情况进行介绍。

5.2.1 应急组织的职责和基本组织结构

各核电基地（厂）成立了场内统一的应急组织，其主要职责是：

(1) 执行国家核应急工作的方针和政策；

(2) 制订、修订和实施场内核应急计划，做好核应急准备；

(3) 规定应急行动组织的任务及相互间的接口；

(4) 确定核应急状态等级，统一指挥本单位的核应急响应行动；

(5) 及时采取措施，缓解事故后果；

(6) 保护场内和受核电厂控制的区域场内人员的安全；

(7) 进行场内的辐射监测，必要时进行场外的辐射监测；

(8) 及时向国家和省（自治区、直辖市）核应急组织、主管部门和国家核安全监管部门及规定的部门报告事故情况，并保持在事故过程中的紧密联系；

(9) 提出进入场外应急状态和场外采取应急防护措施的建议；

(10) 配合和协助省（自治区、直辖市）核应急组织做好核应急响应工作，指定一名负责应急指挥部与场外组织联系的代表。

1. 应急指挥部及其职责

核电厂核应急组织包括核电厂应急指挥部和若干应急行动组。核电厂应急指挥部由总指挥、副总指挥和若干名其他成员组成。应急总指挥由核电厂法人代表或法人代表指定的代理人担任，副总指挥由副总经理或运行负责人担任。应急计划中还应明确应急总指挥的替代顺序。指挥部成员应经过适当的培训。

应急总指挥的责任是统一指挥应急状态下场内的响应。在向工作人员分派应急任务时，应考虑到各个班次的有效人员和该班次不在场区的人员。不应再分派其他任务给负责安全停堆和维修所需要的运行值班人员。

2. 运行值班负责人

运行值班负责人负责核电厂的运行，评价宣布应急所依据的情况和资料，并向应急总指挥报告。在应急总指挥尚未赶到指挥岗位之前，运行值班负责人应代行应急总指挥的职责，直至应急总指挥或其替代人赶来接替为止。

3. 应急行动组

核电厂应根据积极兼容的原则设置若干应急行动组，并配备合适的人员。应急行动组一般包括运行控制组、技术支持组、辐射防护组、运行支持组、公众信息组、行政后勤组等。

(1) 应急状态下运行控制组对事故机组的主要职责为：

1) 发布初始应急通知和事故报警信号；

2) 对应急状态进行初步评价，向应急指挥部提供应急等级的建议；

3) 执行应急运行规程、控制并维持机组在安全状态；

4) 向应急指挥部、技术支持组提供有关事故性质、事故规模的资料，并随时向应急指挥部报告事故发展情况。

(2) 技术支持组的主要职责为：

1) 保持与主控制室、应急控制中心、运行支持中心及有关应急组织、人员通信联系；

2) 掌握事故机组状态，分析、评价事故，向运行控制组提供有关诊断事故、采取对策方面的建议和指导；

3) 向应急指挥部推荐可行的应急响应行动，或者根据事故诊断、评价，提出应采取的防护行动建议。

(3) 辐射防护组的主要职责为：

1) 负责场内辐射和化学监测，对场内污染区域进行调查、评价、划分、标记和控制；

2）组织场外辐射调查、取样、分析和评价；

3）提出场内、外辐射防护行动建议，确定工作人员服用稳定碘的要求和发放；

4）组织适当人员、提供相关设备，支持核电厂应急运行和辐射防护应急响应行动；监督和控制应急工作人员的受照剂量；

5）核电厂应急状态下其他辐射防护工作。

（4）运行支持组的主要职责为：

1）管理应急状态下所需的应急设计、建造、施工和工程抢险工作；

2）负责专业维修，组织队伍、配备足够的各专业人员，并及时投入、补充、替换人员，对系统、设备进行维护、修理、故障的排除；

3）及时向应急指挥部通报情况。

（5）行政后勤组的主要职责为：

1）提供通信设备，保证通信畅通；

2）保证各应急组织和人员的办公条件，提供办公用品、器材；

3）负责应急人员和临时增援工作人员的食宿生活安排和物资供应；

4）负责场内安全保卫、消防、交通管理、应急医疗救护；

5）负责设备、材料、医疗设备、药品的采购供应；

6）负责文件、资料、通信等的整理、归档、保存；

7）负责组织人员撤离。

（6）公众信息组通常在应急总指挥直接领导下，管理应急期间公众信息工作。公众信息组的主要职责为：

1）接待新闻媒体、地方或社会组织的公众代表，对他们的信息要求给予响应；

2）收集公众、社会的反映，以便开展适当的沟通；

3）为新闻发布准备和提供有关资料；

4）在经授权后，公众信息组可代表核电厂回答新闻媒体、公众代表提出的有关核电厂事故的问题。

4. 与场外应急组织的接口

场内应急组织明确与场外应急组织的接口，并明确职责分工。在应急计划中，对场外应急组织的有关部门（公安、消防、环保、应急管理、卫生、民防和救灾管理等部门）明确说明：

(1) 部门的职能和名称；

(2) 地方核应急指挥中心的名称和位置；

(3) 应急准备和响应方面的责任；

(4) 委派的负责人和候补人员；

(5) 主要的和备用的通信工具及信息。

必要时场内应急组织向地方应急组织提供以下支持：

(1) 提供有关核电厂状况、监测结果和剂量预测方面的资料；

(2) 对特殊行动提出建议或要求；

(3) 提供技术咨询；

(4) 根据要求，派专人参与地方应急组织的工作。

5.2.2 应急工作程序

1. 主要响应

核电厂在各应急状态下采取的主要响应行动如下。

(1) 应急待命

核电厂的应急组织进入有准备的状态，适当地启动部分响应；需要分析和确定导致应急待命的条件，采取缓解措施，减轻潜在的威胁；根据需要在核电厂附近实施监测；需要时向主控制室或操纵员提供技术支持；向场外通告。

(2) 厂房应急

核电厂应实施场内应急计划，启动部分响应；采取措施使核电厂恢复至安全状态，缓解应急状态，对主控制室或操纵员提供技术支持；将无关人员和参观者撤离，并安置于安全区域；为场内应急响应人员和从场外到来的应急人员提供防护；对场内人员的污染情况进行监测，确保受污染的人员或物项不会未经检测就离开场区；在核电厂附近实施监测，以确认场外无需防护行动；同时按规定向场外报告事故（或事件）的情况。

（3）场区应急

核电厂应实施场内应急计划，采取措施使核电厂恢复至安全状态，采取行动缓解应急状态，包括请求场外援助；对主控制室提供技术支持；撤离场内无关人员和参观者，并安置于安全区域，并清点所有现场人员；根据危险情况为场内应急响应人员和从场外到来的应急人员提供防护；按规定向场外报告事故（或事件）情况，在核电厂附近的场外实施监测。

（4）场外应急

当需要进入场外应急状态时，核电厂核电厂向省（自治区、直辖市）核应急组织及时提出进入场外应急状态的建议和场外实施防护行动的建议。核电厂应实施场内应急计划，启动所有的响应；将无关人员和参观者撤离，安置于安全区域，并清点所有现场人员；根据危险情况为场内应急响应人员和从场外到来的应急人员提供防护；采取行动缓解应急状态，包括请求场外援助；对控制室提供技术支持；对核电厂附近的场外实施监测。

当事故辐射后果影响或可能影响邻近省（自治区、直辖市）时，由核电厂按规定通报事故情况，并提出相应建议。

2. 应急通知

应急总指挥应负责将实行应急的决定立即通知有关组织和人员。通知时应做到：

(1) 严格按规定的程序和术语进行;

(2) 通知的初始信息应简短和明确，提供的信息有：核电厂名称，报警人姓名和职务，进入应急状态的时间，应急的等级、应急范围和气象条件等;

(3) 确保信息可靠。

3. 评价活动

应急状态期间评价工作应包括下列内容:

(1) 利用核电厂主控制室（或辅助控制室）的仪器仪表监视核电厂运行状态;

(2) 收集掌握事故的演变过程、源项、核电厂所在地和附近地区的气象参数等评价所需的资料;

(3) 进行场内和场外部分区域的辐射监测和对核电厂的放射性排出流进行监测;

(4) 对所收集的资料进行归纳和分析，从而预报事故工况下的辐射剂量;

(5) 根据评价结论提出确认或修改应急状态的级别和采取相应措施的建议。

4. 补救行动

为了在一旦出现事故的情况下迅速采取有效行动，减少事故的影响，核电厂的应急计划应包括工程抢险措施、伤员救护和扑灭火灾等补救行动计划。

5. 防护措施

核电厂的应急计划规定了切实可行的应急防护措施。制定的应急防护措施包括:

(1) 根据辐射监测结果，确定污染区并加以标志或警戒；

(2) 对场内的人员和离开场区的车辆和物资进行监测，必要时加以洗消；

(3) 对场区的出入口和通道加以控制，限制人员进入严重污染区；

(4) 提供具有良好屏蔽、密封和通风过滤条件的场所作隐蔽所，或告诫人们关闭门窗切勿外出；

(5) 分发碘片和个人防护衣具；

(6) 当污染水平超过标准时，人员的食物和饮料应在监控下供应；

(7) 预先确定人员的撤离路线和撤离所需的时间。

6. 应急照射的控制

根据应急工作人员的工作任务，通常把应急响应行动分类如下：

(1) 为抢救生命的行动；防止或缓解核电厂出现场外应急的条件；

(2) 可能的抢救生命的行动，例如：执行场内紧急防护行动；防止或缓解潜在威胁生命的情况（如火灾）；在应急响应区域的居民区进行环境监测，以鉴明需要采取紧急防护行动的区域；场外实施紧急防护行动；

(3) 防止演变成灾难性情况的行动，例如在核电厂场内，防止或缓解导致应急状态的行动；

(4) 防止人员受到严重损伤的行动，例如救援可能受到严重损伤威胁人员的行动，或者立即处理严重损伤人员的行动以及人员的去污；

(5) 避免出现大的集体剂量的行动，例如通过居民区的环境监测，以鉴明需要采取防护和控制食品行动的区域以及在场外实施防护和控制食品的行动；

(6) 其他应急响应行动，例如：长期对受照和受污染人员的处理；样品采集和分析；短期的恢复操作；局部的去污；随时向公众通报信息；

(7) 恢复工作，例如：对与安全无关的设施进行修补；大范围的去污；废物处置；长期医学管理。

为保证应急工作人员的健康与安全，控制应急工作人员受到的照射应满足下列原则与要求：

(1) 应急工作人员所受照射应符合正当性要求；

(2) 在从事上述响应行动时，除了抢救生命的行动外，应尽一切合理的努力，将工作人员所受到的照射剂量保持在最大单一年份剂量限值的两倍以下；

(3) 当执行应急响应行动的工作人员可能接受超过职业照射最大年剂量时，采取这些行动的工作人员应是自愿的，事先应将采取行动所面临的健康危险情况清楚而全面地通知工作人员，应在实际可行的范围内，就需要采取的行动对他们进行培训；

(4) 应急工作人员可能接受超过职业照射最大年剂量时，应严格履行审批程序，事先预计可能受到的照射剂量大小，并在防护人员的监护下工作；

(5) 孕妇、哺乳妇女原则上不宜参加应急响应行动。未成年人不应参加应急响应行动；

(6) 一旦应急干预阶段结束，从事恢复工作（如核电厂与建筑物维修，废物处理，或场区及周围地区去污等）的工作人员所受的照射，应满足职业照射控制的全部具体要求；

(7) 对参与应急干预的工作人员的受照剂量进行评价和记录。干预结束时，应向有关工作人员通知他们所接受的剂量和可能带来的健康危险；

(8) 不得因工作人员在应急照射情况下接受了剂量而拒绝他们今后再从事伴有职业照射的工作，但是，如果经历过应急照射的工作人员所受到的剂量超过了最大单一年份剂量限值的 10 倍，或者工作人员自己提出要求，则他们在进一步接受任何照射之前，应认真听取合格医生的医学劝告。

7. 医学救护

核电厂应成立应急医疗组，具有急救和医疗支持的响应能力，提供对人员的急救医疗支持，包括去污、受污染伤员的处理和将他们运送到场外医疗机构的急救和医疗人员支持。

核电厂应建立现场医学救护和场外医学支持程序。现场医学救护应包括医疗救护人员、设备、救护车等的启动以及急救去污、受伤、受污染人员的分类、登记与转运安排。场外医学支持程序应描述对场外医学组织的要求与计划安排、场外医疗支持人员进入核电厂的程序等。

应急响应时，场内救治（或现场救护）的主要任务是发现和救出伤员，对伤员进行初步医学处理，初步估计受照人员的受照剂量，抢救需紧急处理的危重伤员等。

8. 应急终止和恢复行动

(1) 应急状态的终止

当核电厂确认事故已受到控制并且核电厂的放射性流出物的量已低于可接受的水平时，可以考虑结束场内的应急状态。

对应急待命状态、厂房应急状态和场区应急状态，核电厂的应急总指挥可根据上述原则来决定并发布应急状态终止的命令，并报主管部门、省（自治区、直辖市）和国家核应急组织以及国家核安全监管部门。

对场外应急状态，核电厂应根据核电厂的状态，将终止场外应急状态的建议报省（自治区、直辖市）核应急组织，经省（自治区、直辖市）核应急组织审定后上报国家核应急组织，经批准后，由省（自治区、直辖市）核应急组织发布终止应急状态。

(2) 恢复行动

核电厂的应急计划应包括应急状态终止后的恢复行动，其主要内容包括：

1）制定解除核电厂所负责区域控制的有关规定；

2）制定污染物的处置方案；

3）继续测量地表辐射水平和土壤、植物、水等环境样品中放射性含量，并估算对公众造成的照射剂量；

4）必要时，对反应堆的安全性重新作出评价，做好重新启动运行的相关准备，重新启动计划应报国家核安全监管部门审评。

5.2.3 核电厂在核事故应急响应时启动的基本程序

应急指挥部人员的值班和启动：按照国家核安全监督部门的要求，核电厂总经理（应急总指挥）因公出差或无法在应急启动后尽快到岗，则应授权其替代人履行其职责，应急总指挥的替代人是运行副总经理、维修副总经理（其他合格人选亦可）。在发生事件或事故时根据程序宣布进入应急状态，启动应急响应组织。

应急响应组的值班和启动：应急响应组织中的每一个岗位，均有数名接受过同一内容的应急培训并被授予资格的人员，这些人员至少保持有可能在第一时间内组成完整的应急响应组织的人数。应急响应期间应急人员不足可从相同岗位人员中得到增援。应急执行程序规定了详细的交接程序和接到应急信号后到岗时间规定等相关内容。

参考文献

[1] 赵仁恺. 中国核电发展的现状及展望[J]. 国土资源，2004(3).

[2] 黄国俊. 大陆核电发展现状及未来展望[C]//中国核学会. 2005 年第五届两岸核能学术交流研讨会论文集，2005：6-11.

[3] 核电那些事. 图解“十三五”中国核电走向[EB/OL]. [2016. 3. 24]http://finance. sina. com. cn/roll/2016-03-24/doc-ifxqssxu8074886. shtml.

[4] 中国核电工程有限公司. 中国核电工程有限公司年鉴 2011 年卷[M]. 北京：中国原子能出版社，2012.

[5] 中国核电工程有限公司. 中国核电工程有限公司年鉴 2012 年卷[M]. 北京：中国原子能出版社，2013.

[6] 中国核电工程有限公司. 中国核电工程有限公司年鉴 2014 年卷[M]. 北京：中国原子能出版社，2015.

[7] 中国核电工程有限公司. 中国核电工程有限公司年鉴 2015 年卷[M]. 北京：中国原子能出版社，2016.

[8] 马昌文，徐元辉. 先进核动力反应堆 [M]. 北京：原子能出版社，2011.

[9] 龚俊. 世界核反应堆大全[M]. 北京：中国原子能出版社，2016.

[10] 秋穗正，苏光辉，田文喜，等. 先进核电厂结构与动力设备[M]. 北京：中国原子能出版社，2016.

[11] 濮继龙. 大亚湾核电站运行教程[M]. 北京：中国原子能出版社，1999.

[12] 濮继龙. 压水堆核电厂安全与事故对策[M]. 北京：中国原子能出版社，1995.

[13] 国家发展改革委、财政部、国家能源局和国防科技工业局. 核安全与放射性污染防治“十二五”规划及 2020 年远景目标[EB/OL]. [2012. 6. 25] http://news. xinhuanet. com/environment/2012-06/15/c_123291045. htm.

[14] 吴宇翔，宋代勇，赵光辉. 福岛事故后核电法规标准趋势研究[J]. 核科学与工程，2013(3).

[15] 周士荣，司国建. 中国核电厂设计安全法规的发展[J]. 核安全，2004(2).

[16] 范育茂. 核反应堆安全演化简史[M]. 北京:中国原子能出版社,2016.
[17] 中华人民共和国国务院新闻办公室. 中国的核应急[M]. 北京:人民出版社,2016.
[18] 国务院办公厅. 国家核应急预案[EB/OL]. [2013. 7. 9] http://www.gov.cn/yjgl/2013-07/09/content_2443474.htm.
[19] 环境保护部核与辐射安全中心. 辐射防护[M]. 北京:中国原子能出版社,2015.
[20] 环保部核与辐射安全中心. 日本福岛核事故[M]. 北京:中国原子能出版社,2014.
[21] 环境保护部核与辐射安全中心. 核与辐射应急[M]. 北京:中国原子能出版社,2015.
[22] 李继开. 核事故应急响应概论[M]. 北京:中国原子能出版社,2010.
[23] 国家核安全局. 关于发布《核动力厂营运单位的应急准备和应急响应》等2项核安全导则的通知:国核安发[2010]125号[A/OL]. [2010. 8. 20]. http://www.zhb.gov.cn/gkml/hbb/haq/201008/t20100827_193918.htm.